U0134144

AI
一本书读懂
绘画

a15a 著

来来 主编

四川科学技术出版社　中国科学技术出版社
·成　都·　　　·北　京·

图书在版编目（CIP）数据

一本书读懂 AI 绘画 / a15a 著；来来主编 . — 成都：
四川科学技术出版社；北京：中国科学技术出版社，
2024.1

ISBN 978-7-5727-0975-3

Ⅰ . ①一… Ⅱ . ① a… ②来… Ⅲ . ①图像处理软件
Ⅳ . ① TP391.413

中国国家版本馆 CIP 数据核字（2023）第 230764 号

一本书读懂 AI 绘画
YI BEN SHU DUDONG AI HUIHUA

策划编辑	任长玉	特约编辑	任长玉
责任编辑	黄云松	文字编辑	于楚辰
封面设计	奇文云海	版式设计	蚂蚁设计
责任校对	朱 光　吕传新	责任印制	欧晓春　李晓霖

出　版	四川科学技术出版社　中国科学技术出版社
发　行	四川科学技术出版社　中国科学技术出版社有限公司发行部
地　址	北京市海淀区中关村南大街 16 号
邮　编	100081
发行电话	010-62173865
传　真	010-62173081
网　址	http://www.cspbooks.com.cn

开　本	787mm×1092mm　1/16
字　数	390 千字
印　张	24.25
版　次	2024 年 1 月第 1 版
印　次	2024 年 1 月第 1 次印刷
印　刷	北京盛通印刷股份有限公司
书　号	ISBN 978-7-5727-0975-3
定　价	108.00 元

推荐语

每一次科技革命浪潮都会带来全新的发展，AI 的出现是人类集体智慧与思想的又一次创新结晶。《一本书读懂 AI 绘画》以生动的案例，用多种 AI 绘画软件算法和模型、人机交互技术、想象力拓展，创造出一幅幅人类视觉艺术前所未有的图画，让人惊叹。本书是一本探索视觉艺术的优秀之作。

杨建华　中国国家社科基金、国家社科艺术学基金获得者和同行评议专家，楚天学者，美国华人美术教授协会会员，美国多米尼克大学和韩国国民大学特聘博导

《一本书读懂 AI 绘画》为读者提供了一个全面了解 AI 绘画技术的宝贵机会。作者从 AI 绘画的基础知识出发，深入浅出地介绍了 AI 绘画的实操技巧和应用场景。书中还提供了大量的案例分析，能够帮助读者了解 AI 绘画在多个领域的实际应用。

江立敏　同济大学建筑设计研究院总建筑师，四时方院创新设计中心主持人

随着 AI 被广泛用于辅助建筑和规划设计，设计师被最大程度地从空间、尺度、色彩等传统环境设计要素以及 CAD、SketchUp、Photoshop 等软件中解放出来。AI 的快速迭代不仅让当今设计教育面临严峻的挑战，也倒逼每一个设计师重新反思：AI 时代设计的本质是什么？如何界定"设计思维"，让人的"智慧"与机器的"智能"区分开。阅读本书，可以帮助您了解如何进行 AI 绘画，启发您的设计思维。

陈冰　西交利物浦大学设计学院副教授、博士生导师，城市规划与设计系主任

任何好的艺术作品都是人类灵性光芒的结晶，无论创作者"手握"的是雕塑

刀、油画笔，还是代码行和显卡。在字节构成的数字世界，或许也会有创造者凭借思想、智慧、审美和呐喊的生命力，创作出百年后仍可给后人启迪与美的享受的杰作。

宋婷　知名 AI 和区块链艺术家

Stable Diffusion 作为 AI 绘画最先进的生成模型之一，彻底改变了创意设计的游戏规则，能将创作者的想象力推向前所未有的高度。本书对关键概念进行了全面地讲解，提供了许多实操案例，并分享了大量实用工具的使用方法，能够帮助读者快速掌握 AI 绘画的精髓。我认为，本书不仅是 AI 绘画的通行证，更是探索数字艺术和商业应用的指南。

亦仁　知识星球"生财有术"社群创始人

AI 绘画是一个极具前瞻性和创新性的主题，书中通过大量的实际案例和深入地分析，不仅展示了 AI 技术在现代设计中的应用和价值，还为设计师提供了很多深刻的见解和建议。通过阅读本书，设计师可以更好地了解 AI 技术的应用前景和发展趋势，从而为自己的创作和发展提供更多灵感和思路。

Sky 盖哥　阿里巴巴原设计专家，"AI 绘画师日记"社群创始人

本书可以作为学生学习图像生成式人工智能的编外教材，本书系统性介绍了常用的 AI 绘画软件特点并专精于 Stable Diffusion 教学，是对美术与 AI 技术融合课程的探索。

李柏翰　深圳实验学校信息技术教师

本书深入浅出地介绍了 Stable Diffusion 的基本原理、技术和实践，内容丰富、图文并茂，适合初学者和有一定基础的读者。它不仅可以帮助读者了解 Stable Diffusion 的背景和基础知识，还能够引导读者掌握实际操作技巧，探索 AI 绘画的无限可能。如果你对 AI 绘画感兴趣，本书绝对值得一读。

刘楚宾　《人人都能玩赚 ChatGPT》等畅销书作者

本书是一本专业的 AI 绘画指南。作者有着多年的教学经验，他以生动的语言，将复杂的技术知识娓娓道来，能让读者充分地享受到 AI 绘画的美妙之处。无论你是初学者还是专业人士，本书都能为你带来新灵感。

刘明月　"交个朋友"AI 绘画课程负责人和 AI 绘画讲师

本书不仅介绍了 Stable Diffusion 的入门及进阶的实操方法，还结合了大量的使用场景，分享了典型的变现方法。能对工具的使用及行业的现状有如此深刻的理解，离不开作者多年的行业经验以及刻苦钻研。本书同时具备技术性和可读性，一定会为读者的学习和工作提供不可替代的价值。

梁靠谱　视频号金 V 科普博主

本书是一本为 AI 绘画领域的爱好者量身打造的学习变现指南，详细讲述了如何使用 Stable Diffusion 软件将创意无缝转化为令人惊叹的视觉作品。本书从基础操作讲起，详尽解析了软件的功能和使用技巧，进而深入讨论了如何精进技艺做出杰出作品。更重要的是，作者还分享了一系列实用策略，教你如何将 AI 绘画的创意作品变现，打通艺术与市场的桥梁。无论你是初学者还是希望提升个人作品商业价值的专业人士，本书都将是你通向 AI 绘画世界的完美指南。

芷蓝　"玩赚新媒"创始人

历史的经验告诉我们，只有适应科技、适应这个时代的新鲜事物，才能够搭上时代的顺风车，分到一杯羹。越早懂得使用 AI 技术辅助自己工作和生活的人，越能成为下一个时代的领跑者。本书作者在 AI 设计领域有扎实的基本功和前沿视角，深入浅出地将 Stable Diffusion 技术的操作指南、应用场景、可行案例一一在书中阐明，给出了极具洞见的底层逻辑和可复制性的方法论。

理白先生　"乐活创富"创始人

推荐序

　　AI 绘画是一个极具前瞻性和创新性的主题。本书不仅展现了 AI 技术在艺术创作领域的无限可能，也体现了作者作为设计师的敏锐洞察力和独特视角。

　　从设计师的角度来看，本书展现了 AI 技术如何为创作带来新的可能性。在数字化时代的今天，AI 技术为设计师提供了更多的工具和手段，帮助我们更好地实现创意。通过稳定扩散模型，AI 能够学习并模拟艺术家的风格，创造出独特的绘画作品。这种技术的出现，不仅丰富了设计师的创作手法，也开辟了全新的设计领域。正如本书所展示的那样，AI 技术可以作为设计师的得力助手，在构思、配色、细节处理等环节中提供有力支持。通过预设和算法优化，AI 可以协助设计师实现更精准、更高效的创作，使设计过程变得更加愉快。

　　书中通过大量的实际案例和深入的分析，展现了 AI 技术在设计领域的应用。设计师可以通过使用这种技术，突破传统的创作限制，进一步拓展自己的设计思路。例如，在建筑设计中，AI 可以帮助设计师在短时间内生成多种方案，并进行优化选择；在动漫设计中，AI 可以协助设计师进行图案设计、色彩搭配等工作，使作品更加时尚、独特。同时，本书也讨论了 AI 技术如何为设计师提供更好的创作工具，例如通过机器学习和人工智能技术，设计师可以更加高效地进行设计工作。这使得设计师可以更多地关注创意和表现力，而将烦琐的计算和数据分析交给 AI 处理，从而更好地发挥自己的天赋和想象力。

　　此外，本书的另一个亮点是对艺术和技术的结合进行了深入的探讨。通过分析艺术和技术的关系，作者阐述了 AI 技术如何在设计和艺术之间架起一座桥梁。这对于设计师来说是非常重要的，因为我们需要在不断追求创新的同时，关注技术和艺术的融合。实际上，艺术与技术的结合已经成为现代设计的潮流。越来越多的设计师开始尝试使用新技术来表现自己的创意和想法。在本书中，作者详细阐述了 AI 技术如何在设计和艺术之间架起一座桥梁。通过算法和模型的优化，AI 可以生成令人惊叹的绘画作品。这些作品不仅具有极高的审美价值，也代表了设计师和技术的完美结合。

与其他同类书籍相比，本书更加注重实际应用和案例分析。设计师可以通过阅读本书，了解 AI 技术在设计领域的实际应用，同时也可以参考书中的案例，为自己的设计工作提供帮助。此外，书中还探讨了 AI 技术在未来设计领域的发展趋势，为设计师提供了前瞻性的视角。本书不仅展示了 AI 技术在现代设计中的应用和价值，还为设计师提供了很多深刻的见解和建议。通过阅读本书，设计师可以更好地了解 AI 技术的应用前景和发展趋势，从而为自己的创作和发展提供更多的灵感和思路。

作为一名创业者，我一直在寻找那些能够引领我们走向未来、改变世界的新思想和技术。在这个信息爆炸的时代，人工智能已经成了我们生活中不可或缺的一部分。而在众多人工智能细分领域中，AI 绘画无疑是一个极具潜力和创新性的领域。要明白一点，本书并非仅仅是一本关于 AI 绘画的技术手册或者教程。它还涉及 AI 绘画背后的哲学、伦理和社会影响。在这个快速发展的科技时代，我们需要更加关注这些看似遥远但实际上与我们息息相关的问题。本书正是为我们提供了一个独特的视角，让我们能够更好地理解 AI 绘画的意义和价值。

AI 绘画技术的发展也带来了一系列伦理和社会问题。例如，随着 AI 绘画技术的普及，传统的艺术创作是否会逐渐被取代？艺术家们在这个过程中的角色又将如何变化？此外，AI 绘画作品的版权归属问题也是一个亟待解决的难题。这些问题不仅关系到艺术家们的权益，也关系到整个社会对艺术的认知。

通过阅读本书，你将能够站在一个更高的层次上，审视我们所生活的世界，思考我们所面临的挑战和机遇。作为一名企业家和创业者，我相信这将对你的个人成长和企业发展产生深远的影响。

Sky 盖哥

阿里巴巴原设计专家，AI 绘画师日记社群创始人，AI 绘画畅销书作者

本书写作缘起

我想为每一位拿起这本书的读者，简单描述一下本书的写作缘起。

- 2003 年我踏入设计领域，后来又成了一名讲师。那时候设计行业还是靠前辈积累的美术经验和设计软件来设计各种作品。

- 2013 年我拥有了自己的电子商务设计公司，10 年中我见证了从货架电子商务到兴趣电子商务再到短视频电子商务的变迁。10 年间设计公司表面上看是一个智力密集型企业，本质还是一个劳动密集型企业，依然还需要大量的设计师来完成不同行业的各类设计工作。

- 后来我有幸进入 AI 绘画的世界，自从我踏入了人工智能的神奇世界，尤其是 AI 绘画软件这一领域，我发现原来复杂的设计被 AI 简化得如此容易，让没有设计经验或美术积累的小伙伴可以快速做出很多优秀的作品。

- 认识到 AI 绘画的便捷和强大，做了 20 年设计工作的我极为震撼。我意识到，必须熟练地驾驭 AI 绘画，使其为自己的设计公司服务，让 AI 绘画提高公司设计师的效率并降低设计成本，让 AI 绘画为公司赚更多的钱。如果我不让 AI 绘画成为我的得力小助手，再过几年，我的设计公司必然会被掌握 AI 绘画的小伙伴或掌握 AI 绘画的设计公司所取代。就算不被取代，我的设计公司设计效率也不可能比设计师 +AI 协作的效率更高并且成本更低。

我把自己 20 年的设计经验结合 2 年的 AI 绘画学习经验汇总到本书，分享给各位希望学习 AI 绘画的小伙伴，这就是这本书的最大缘起。

在人工智能技术的影响下，我们所处的世界正在经历着翻天覆地的变革。其中，AI 绘画是近年来备受关注的热点之一，它为艺术创作带来了前所未有的可能性和机遇。我身边很多人对 AI 绘画有着浓厚的兴趣，但是缺少一个完整性、系统化、专业化的指导。这也是我决定撰写此书的初衷，为广大的 AI 绘画爱好者和相关行业人士，提供一本涵盖从入门到精通并且可以实操变现的系统化指南。

本书使用软件

本书实操全部使用 Stable Diffusion Web UI 这个开源 AI 绘画软件，版本号为 1.6.0，最新更新于 2023 年 8 月 31 日。

除了部分 Stable Diffusion 特有的提示词，本书提及的提示词在所有 AI 绘画软件均可使用。

本书提及的实操参数可能并不适用于其他 AI 绘画软件，请读者实操验证是否适用。其他 AI 绘画软件包括但不限于：Midjourney，DALL-E 3，DreamStudio，Playground，NightCafe 等海外 AI 绘画软件；文心一格、无界 AI、即时 AI、意间 AI、造梦日记等国内 AI 绘画软件。

本书适合的读者

无论你是对 AI 绘画毫无基础的新手，还是已经对 AI 绘画有所涉猎并希望更进一步了解的艺术家或者设计师，甚至是希望将技术和艺术相结合的研究学者，本书都将为你提供宝贵的指导和帮助。书中每一章的内容都既有深度又易于理解，以满足不同读者的需求。

本书特色

1. 系统性

系统性是本书的基石。对于初学者来说，缺乏清晰、结构化的学习路径常常会导致学习过程中的迷茫和困惑。本书从 AI 绘画的基础认识开始，逐步深入到实操案例，最后涉及如何在行业中变现实操，为读者提供了一条完整的从入门到实操再到变现的学习路径。这种系统性的结构不仅有助于初学者快速入门，还能确保有一定基础的读者在深入学习中得到系统的知识补充。

首先我们会探讨 AI 绘画的基础知识，帮助你快速入门，并适应这个新兴的领域；随后我们会逐渐深入到更高级的实操方法和一些技巧，让你的作品从众多创作者中脱颖而出；最后在掌握了实操技巧后，为你提供一系列实用的基于行业变现的建议，教你如何将自己的作品放到特定垂直领域或行业中，解决在行业中遇到的特定场景或者特定问题从而实现变现，在经济上获得回报。

2. 实操性

知识与实践总是相辅相成的。本书强调实操性，确保读者能在实际操作中得心应手。书中包含了大量的实践练习和项目案例，引导读者一步步应用 AI 绘画技术，从而加深对知识的理解。本书为读者提供了大量的 AI 绘画真实案例和实操示范，只要读者付诸行动，可以基于不同的行业运用 AI 绘画，从而更深层次地掌握 AI 绘画。

3. 基于行业真实的案例

真实的行业案例是本书的显著亮点。与其他纯理论性的书籍不同，本书选取了多个真实的行业案例并进行深入剖析和全过程实操。这些真实案例不仅展示了 AI 绘画在不同行业中的实际应用，更重要的是，为读者展现了如何将所学知识与实际需求结合，从而实现真正的变现。

4. 通俗易懂

尽管 AI 绘画涉及众多复杂的技术和理论，但本书在创作时始终坚持通俗易懂的原则。无论是复杂的算法原理还是高级的绘画技巧，书中都以浅显的语言和生动的例子进行解释并实操，确保每一位读者都能够轻松理解和掌握。

本书旨在提供一个全面、系统、实用的学习指南。无论是初学者，还是已经在该领域有所积累的高手，阅读本书都会得到新的启示和收获。

本书的学习建议

随着 AI 绘画的兴起，越来越多的读者希望探索这一领域的无限可能。

针对不同背景的读者，以下建议可以帮助你更好地利用本书，从入门到精通，再到行业变现。

致 AI 绘画零基础的读者：

● 建议按照章节顺序阅读：从头开始，确保对 AI 绘画的基本概念和基础原理有所了解。本书的第一部分入门篇是为入门准备的。第 1 章讲解了 AI 绘画可以做什么，可以实现什么，可以通过 AI 绘画获得什么。第 2 章讲解了怎么安装 AI 绘画软件，请动手安装实操一次。第 3 章讲解了 AI 绘画的使用锦囊。

● 实践是关键：理论知识很重要，但实践同样不可缺少。请确保每学完一个章节后都跟随书中的实例进行实践，这样可以加深对知识的理解。

● 持续学习与探索：AI 领域的发展速度很快，所以请保持对新技术和工具的关注，不断更新自己的知识库。

致有 AI 绘画基础但不懂变现的读者：

● 建议优先学习本书第三部分内容：第 6 章到第 8 章都是基于多个行业的实操案例，这些基于行业的实操案例可以帮助读者快速了解 AI 绘画在实际业务中的实操和变现方式。第 9 章到第 10 章是 AI 绘画软件的进阶知识，可以补充和升级读者的 AI 绘画知识体系。作为具有 20 年设计经验的设计师，我衷心建议各位读者深入了解自己所处行业的市场需求。

● 建立个人品牌：读者可以在社交媒体（小红书、抖音、公众号、知乎、B 站），以及个人网站或者博客上展示作品，让更多人了解你的技能和风格。此外，希望读者考虑参加相关的行业活动或展览，与同行建立联系。

● 探索多种变现方式：除了传统的设计服务外，可以考虑和我联系，一起合作开设在线课程、出版图书，或者与企业合作开发特定的 AI 绘画应用等各种变现途径。

致有设计基础但不懂 AI 绘画软件操作的读者：

● 利用设计经验：具备设计的敏感度和审美观念是你的优势。在学习 AI 绘画时，可以尝试将这些经验与 AI 技术结合，创造出独特的作品。

● 从基础操作开始：不熟悉软件操作不要紧，本书前两个部分提供了详细的操作指南。跟随书中的步骤就会发现 AI 绘画软件上手并不难。

● 多实践，多请教：在实践中，你可能会遇到一些问题或困惑，此时可以参考书中的内容，或者加入相关社群与其他设计师进行交流和学习。

总之，无论背景如何，只要你有热情和决心，都可以在 AI 绘画这个领域中学有所成。

目录

CONTEN

第三部分
变现篇

TS

第一部分

入门篇

第1章
Stable Diffusion 是什么

1.1 Stable Diffusion 软件简介

Stable Diffusion 是一款基于人工智能（AI）的图像生成软件，它使用了最新的稳定扩散（Stable Diffusion）算法来进行图像增强和降噪等处理。该算法是在 2022 年由慕尼黑大学的 CompVis 研究团队开发的生成式人工神经网络模型，是一种基于深度学习文本到图像的生成算法。其通过对图像进行扩散来去除噪点和增强细节，同时保留图像的整体结构和质感，并通过自适应地调整扩散过程中的参数和时间步长（Time Step），最终实现通过提供文本提示词让人工智能生成图像的功能。

如果对上面这段技术术语不好理解，通俗来讲就是，给 Stable Diffusion 一段文字，Stable Diffusion 会帮你把这段文字使用 AI 画出来。

Stable Diffusion 是由 StabilityAI、CompVis 与 Runway 合作开发的，并得到 EleutherAI 和 LAION 的支持。Stable Diffusion 的代码和模型已经开源，现在任何人都可以在自己的电脑上免费部署 Stable Diffusion 的代码和模型，实现本地免费生成 AI 绘画。**Stable Diffusion 具体安装方法和安装要求，请查阅本书第 2 章 Stable Diffusion 安装指南。**

1.2 Stable Diffusion 适合谁学习

1. 适合的人群

任何人，即使你没有任何美术基础。

2. AI 绘画软件普及前的困境

对于非专业设计或美术人士的两大困境

一是类似手绘、漫画设计、插画设计、建筑设计这些领域还只能由专业人士才能操作和驾驭，非专业设计人员没有相关的美术基础和操作经验无法操作和驾驭。

二是由于专业人士通过专业的培养体系以及付出高昂的培养成本，所以这些专业设计和美术人士通过自己的设计做出的商业化的美术和设计作品，必定会由于人力成本的高昂，从而导致各种设计费用居高不下。

3. AI 绘画软件普及后的机遇

2023 年 AI 绘画软件如雨后春笋般地大量涌现，实现了大众化 AI 绘画的普及，并让大家实现了设计平权。

从个人角度而言： 人人都可以在没有美术基础的情况下，轻松地完成各种简单或者复杂的设计，这真是一个令所有人都感到振奋的事情。

从企业角度而言： AI 绘画软件的普及解决了企业核心的降本和增效两大难题。

降本： 假如之前的设计需求需要 3 个原画师完成，现在可能就只需要 1 个原画师总监 +AI 工具即可完成之前 3 个原画师的工作量。

增效： 假如之前一个插画师 8 小时中最多只能画 2 幅可以用于商业的插画，现在一个插画师和 AI 工具配合一天可以生成 6 幅插画，设计效率是原来的 3 倍。

4. 适合的行业

AI 绘画适用于多个行业，本书在第 6~8 章中重点介绍 Stable Diffusion 在摄影、动漫和建筑设计 3 类行业中的应用场景、变现途径、实操方法、行业模型推荐和行业提示词推荐等。

虽然本书围绕三个行业重点介绍，但是实际上 AI 绘画对许多行业都是通用的（尤其是各类设计行业），包括但不限于以下行业：产品设计行业、电商设计行业、品牌设计行业、平面设计行业、插画设计行业、UI 设计行业、网页设计行业、三维设计行业、视频设计行业、服装设计行业、游戏设计行业和艺术设计行业等。

1.3 Stable Diffusion 与常用的 AI 绘画软件对比

1. 常用 3 款 AI 绘画软件横向对比

表 1-1 列举了三个市面上常用的 AI 绘画软件，我们从硬件层面、网络层面、软件层面、版权归属、优点和缺点六大方面做了全面的横向对比。这三个软件是市面上使用人数最多的 AI 绘画软件。虽然均为海外软件但是 Stable Diffusion 有汉化版本，Midjourney 也可以申请加入中文 QQ 频道使用，仅 DALL-E2 暂时没有提供中文使用环境。

表 1-1　三款常用 AI 绘画软件横向对比

软件对比	Stable Diffusion	Midjourney	DALL-E2
开发者	Stability AI	Midjourney 研究实验室	OpenAI（开发 chatGPT 的公司）
硬件要求	主要是显卡和内存要求，生成图片推荐显卡显存 8G 以上，训练模型显卡显存 12G 以上；内存建议 8G 或更大内存	无特别需求	无特别需求
网络要求	部署完后可以本地运行图片生成和训练模型，无须在线使用	（1）必须在线使用；（2）Midjourney 也提供了中文 QQ 频道的使用，内测阶段需每周一和每周五 18 点提交申请，需审核通过才能加入，好处是可使用中文提示词并使用国内支付渠道	必须在线使用

软件对比	Stable Diffusion	Midjourney	DALL-E2
软件费用	完全免费	按月 / 按年付费 （1）10 美元每月，大约可生成 200 张图； （2）需要拥有海外信用卡才能支付	按积分付费使用 （1）15 美金兑换 115 积分，大约生成 100 张图； （2）需要拥有海外信用卡才能支付
版权归属	归属创作人，创作人拥有完全版权	根据购买的付费会员等级有限商业使用	目前仅能用于非商业目的
优点	（1）代码开源； （2）模型开源，并且可以下载海量用户自己训练的模型； （3）模型可自行训练，可以根据自己业务或者应用场景训练属于自己的模型； （4）除了文生图，图生图，还可以视频生成视频，自动扩展画面，自动填充修复，控制构图和姿势等非常多的功能； （5）拥有非常丰富的插件生态； （6）对生成图片的可控性极高	使用简单，生成效果不错	使用简单，生成效果中等
缺点	（1）安装部署代码复杂，推荐使用秋叶 aaaki 的一键安装包，避免部署代码烦恼； （2）模型众多是好事，但是有极少数用户训练的模型完成度不高，生成效果有待改进； （3）因为功能多参数复杂，学习成本相对较高； （4）操作相对复杂，以文生图功能为例，Midjourney 仅需要输入提示词，Stable Diffusion 除了输入提示词还需要设置较多参数，好处在于细节控制比 Midjourney 强大很多，坏处就是相对初学者而言比较复杂	（1）代码不开源； （2）模型不开源； （3）模型用户设法自行训练； （4）功能只有 2 种：文生图和图生图； （5）无插件可用； （6）对生成图片的可控性不高，参数和功能较少导致设置自由度不够	（1）代码不开源； （2）模型不开源； （3）模型用户设法自行训练； （4）功能少仅 4 种：文生图、自动扩展画面、自动填充修复、图生图； （5）无插件可用； （6）对生成图片的可控性不高，仅可输入提示词，无参数可设置

第一部分　入门篇

第二部分　精通篇

第三部分　变现篇

2. AI 绘画软件学习原则

不要贪多，熟练使用 Stable Diffusion 这个软件即可，此软件可实现 AI 绘画中几乎全部预想情况下的效果。

只要你掌握了 Stable Diffusion 这个软件的操作方法和操作逻辑以及针对不

同行业的变现思路，再学习 Midjourney 和 DALL-E2 的学习效率就会非常高，基本用 1 个小时左右即可学会这两个软件。因为这两个软件的功能并没有 Stable Diffusion 丰富和强大，用户需要的仅仅是熟悉操作界面即可。

3. 本书使用 AI 绘画软件说明

本书在没有特殊标明的情况下，所有讲解默认以 Stable Diffusion 软件为基础。如需要其他 AI 绘画软件辅助，例如 Midjourney 等其他 AI 绘画软件或 Photoshop 等设计软件，本书会特别注明用到的辅助 AI 设计软件名称，如果辅助 AI 设计软件有版本要求，本书也会一起注明。

1.4 海外 AI 绘画软件

古人云，知己知彼，方能百战不殆。放在现代，虽然我们学会 3 大常用 AI 绘画软件就能完成 90% 的 AI 绘画工作，但是可以多多了解其他 AI 绘画软件，在一些功能上，这些海外 AI 绘画软件都有不错的表现。虽然这些 AI 绘画软件可能大家并不熟知或者市面上用的人不多，但不代表软件功能不强大，在一些特殊的使用场景下生成效率是非常高的。

学习原则：建议花一天时间，集中试试下面列举的各种软件，试试内置的不同模型或者不同样式风格，归纳出每个软件相对 Stable Diffusion 的亮点功能即可，作为 Stable Diffusion 的辅助补充，以下不作为重点学习的 AI 绘画软件。

1. DreamStudio

DreamStudio 是 Stable Diffusion 公司开发的便于用户使用的在线 AI 绘画软件，不用考虑软件安装的问题。

DreamStudio 使用界面如图 1-1 所示，它内置有三个不同版本的 Stable Diffusion 模型，效果略有不同。如图 1-2 所示，上面 4 个图使用 stable-diffusion-768-v2-1 版本，下面 4 个图使用 stable-diffusion-xl-beta-v2-2-2 版本，提示词相同。

图 1-1　DreamStudio 使用界面

图 1-2　DreamStudio 不同模型差异

DreamStudio内置有15种风格样式可供选择，不同风格的差异很大。如图1-3所示，上面4个图使用Cinematic（电影级）风格，下面4个图使用Low poly（低面体）风格。

图 1-3　DreamStudio 不同风格差异

2. Playground

Playground 使用界面如图 1-4 所示，它内置了 60 多种不同的样式，用来生成不同类型和风格的图片。

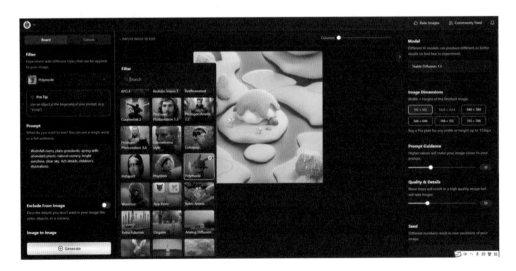

图 1-4　Playground 使用界面

内置有 4 个不同版本的模型，可以结合样式生成不同风格的图片。

3. Dreamlike

Dreamlike 使用界面如图 1-5 所示，它的功能包括根据文本生成图像、根据图像生成新图像和图像变体，以及通过放大和面部优化来增强图像内容。其内置有 8 种不同的模型，可以生成不同的图片风格。

图 1-5　Dreamlike 使用界面

4. Imagen

Imagen 是谷歌研发的一个人工智能系统，可以输入文本中创建逼真的图像。基于文本—图像的扩散（CLIP）模型，可以根据给定的提示词，生成高度契合文本含义及具有照片般真实感的图像。据称，Imagen 可以创建比 OpenAI 的人工智能工具 DALL-E2 更逼真的图像。Imagen 的 AI 绘画功能主要具有 5 个方面的特点：对多名著名艺术家的风格模仿、全新的图像绘画作品生成、自定义选项调整、实时预览和编辑、高质量图片输出，功能比较强大，但是对国内用户来说存在加载情况不稳定的缺点。

5. NovelAI

NovelAI 是个非常好用的在线绘画工具，可以方便快捷地画出精美好看的图画，相对于一些通用的 AI 绘画生成器来说，NovelAI 在二次元作图上更加准确。NovelAI 是一款 AI 辅助创作工具，不仅限于 AI 绘画创作，还包括了 AI 写作辅助等功能。使用 NovelAI 的 AI 绘画功能需要付费，其中 25 美元套餐每月约有 1 万积分，使用 AI 作画的过程中将消耗一定数量的积分。NovelAI 可以根据用户的文字描述生成全新的图像，或者根据用户上传的参考图生成类似图片。NovelAI 更加擅长对二次元图片的生成创作，是很多二次元爱好者必备的 AI 绘画软件。

6. NightCafe

NightCafe 来自澳大利亚的一家 AI 初创公司，该软件允许用户选择 5 种不同的算法根据文本生成图片：**Artistic 算法、Coherent 算法、Stable 算法、DALL-E2 算法和风格转移算法。**

Artistic 算法是 NightCafe 原创的 AI 艺术算法，技术名称是"VQGAN+CLIP"。该算法非常擅长根据描述性关键字或者修饰词来生成艺术化的美丽的纹理和风景以及其他艺术品，但图像通常似乎并不遵守物理定律。例如，通常会看到飘浮在天空中的建筑物，或整个图像中有重复图案。

Coherent 算法是 NightCafe 的 AI 算法新成员，俗称连贯算法，技术名称是 CLIP-Guided Diffusion，专门用于创建真实的基于实际并遵守物理定律的真实图像。连贯算法可能比艺术算法更容易出错，但是 NightCafe 上的大多数顶级艺术家更喜欢连贯算法。

Stable 算法是基于 Stable Diffusion 的开源算法，"Stable"是"Stable Diffusion"的缩写，独立于 DALL-E2.Imagen 等其他开源算法和模型。

DALL-E2 算法是基于 OpenAI 对原始 DALL-E 的演化算法。DALL-E2 对于文本生成图片有较高的准确性和艺术性。

风格转移算法是基于过往艺术家创作的风格，通过 AI 算法将过往的艺术风格迁移给所提供的原始图像。

7. Parti

Parti，全名叫"Pathways Autoregressive Text-to-Image"，是谷歌大脑（Google Brain）负责人杰夫·迪恩（Jeff Dean）提出的多任务 AI 大模型蓝图 Pathway 的一部分。Parti 是一个自回归模型，它的方法是首先将一组图像转换为一系列代码条目，类似于拼图。然后将给定的文本提示转换为这些代码条目并"拼成"一个新图像。换言之，Parti 将"文本到图像的生成"转换成一个"序列到序列"的建模问题，类似于机器翻译——这使得它能够受益于大型语言模型（如 PaLM），这对于处理长而复杂的文本提示和生成高质量的图像至关重要。在这种情况下，目标输出是图像 token 的序列，而不是另一种语言的文本 token。Parti 通过使用功能强大的图像标记器"ViT-VQGAN"将图像编码为离散 token 序列，并利用其重建图像 token 序列的能力，使其成为高质量、视觉多样化的图像。Parti 生成的图片范例如图 1-6 所示。

图 1-6　Parti 生成图片范例

8. dream

Wombo 是一家加拿大初创公司，研发了 dream 这款 AI 绘画软件。dream 能基于用户给出的文本提示生成原创"艺术品"。用户只需描述想要画的内容，例如：这是这位人工智能艺术家年轻时的肖像，再从提供的选择中选择一种风格（神秘、巴洛克、幻想艺术、蒸汽朋克等）或选择无风格，并点击创建，即可生成画作。dream 软件界面如图 1-7 所示。

图 1-7　dream 软件界面

9. 海外 AI 绘画辅助软件

大家在掌握 Stable Diffusion 软件的基础上，可拓展学习表 1-2 所列举的辅助类 AI 绘画软件。虽然这些软件在绘画方面不一定有 Stable Diffusion 专业，但是可以解决很多 Stable Diffusion 要花很多复杂步骤和时间成本才能解决的难题。

表 1-2　四款常用 AI 绘画辅助软件

软件名称	主要功能	使用技术	适用领域
RunwayML	生成图像、动画、音乐、创意内容	生成对抗网络、机器学习	创意设计、音乐制作、动画制作等
DeepArt.io	将照片转换为艺术风格	神经网络、机器学习	数字艺术、摄影
Artbreeder	生成混合图像、肖像、风景、科幻等	GAN 技术、深度学习	数字艺术、肖像摄影、动画制作等
PaintsChainer	自动涂色	深度学习	漫画、动画制作等

1.5　国内 AI 绘画软件

1.5.1　文心一格

优势 1：文心一格是基于百度自主研发的文心大模型的 AI 图片生成平台。用户只需输入中文语言描述就可以生成不同风格、独一无二的创意画作。只需简单地输入一句话，并选择方向、风格、尺寸，AI 就可以生成不同风格的画作。更智能的是，这款中文 AI 自动绘画生成器还能推荐更合适的风格效果。

　　该软件有 3 类途径（电脑网页端、手机浏览器端、微信小程序端）可供用户使用，其电脑网页端界面如图 1-8 所示。

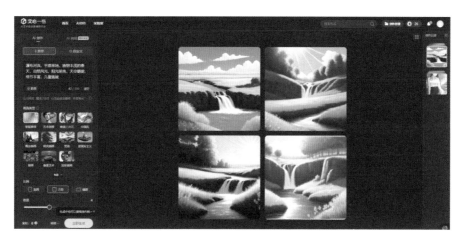

图 1-8　文心一格电脑网页端界面

　　优势 2：既有简单的快速出图也有高级设置可以高可控性出图。快速出图生成速度也相当不错，只要几秒就能出图。自定义出图模式可以设置模型、画面风格、修饰词、艺术家和不希望出现的风格等自定义设置。文心一格快速出图模式如图 1-9 所示。

图 1-9　文心一格快速出图模式

优势 3： 支持中文提示词，如图 1-10 所示，创作使用非常简单。

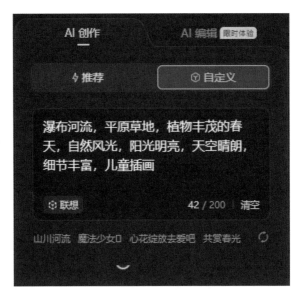

图 1-10　文心一格支持中文提示词

优势 4： 提供了社区画廊，可以带来中文提示词灵感创意。

优势 5： 提供了 AI 编辑功能，图片叠加功能可以将两张图片进行融合叠加生成新的图片，新的图片将同时具备两张图片的特征。涂抹编辑功能可以对图片需要修改的区域进行涂抹，算法将对涂抹区域按照指令自动重新绘制，可用于图像修复和图像修改。

优势 6： 提供了会员专享的一格 AI 实验室，人物识别功能可实现识别上传人物图片中的动作，再结合输入的描述词，生成动作相近的画作；线稿识别功能可实现识别上传的图片，生成线稿图，再结合输入的描述词，生成想要的画作；自定义模型功能可以实现自主上传训练图片集，选择基础模型，调节参数，开始训练自定义模型。训练完成的模型一经发布，即可使用专属模型。

1.5.2　无界 AI

优势 1： 这款国产 AI 绘画产品基于 Stable Diffusion 代码和部分自主研发模型开发，简化了使用界面。有 3 类途径（电脑网页端、手机浏览器端、独立 App 端）可供使用，其电脑网页端界面如图 1-11 所示。

图 1-11　无界 AI 电脑网页端界面

优势 2：有三大类（风格、二次元和通用）模型可选择。二次元和通用与风格模型有部分重复，推荐直接使用通用模型，可选择种类非常多，按照自己需要的风格选择不同种类（二次元、真人、科幻、儿童、设计等）即可。图 1-12 是推荐选项卡的模型。对于自己喜欢或者经常用到的风格可点击模型右侧小五角星，收藏起来方便后续使用。

图 1-12　无界 AI 模型选择

优势 3：风格选择中提供风格修饰、艺术家、元素魔法等相关提示词。

优势 4：提供了一个咒语生成器，如图 1-13 所示，用来辅助生成提示词。

图 1-13　无界 AI 咒语生成器

优势 5：手机端支持视频生成视频，图生成图。

优势 6：开辟了一个 AI 实验室的网页，如图 1-14 所示，其本质是整合了 Controlnet 插件的部分功能，以一种简单的方式让用户直观地使用 Controlnet 插件的功能。

图 1-14　无界 AI 实验室

1.5.3　即时 AI

优势 1：这款国产 AI 绘画产品基于 Stable Diffusion 代码和部分自主研发模

型开发，UI 界面极度简化适合新手使用，只需在底部输入提示词选择风格即可。

有 1 种途径（电脑网页端）可供用户使用，如图 1-15 所示。

图 1-15　即时 AI 电脑网页端界面

优势 2：可以选择不同的风格生成图片，如图 1-16 所示。

图 1-16　即时 AI 选择不同风格

17

优势 3： 可以使用"/"这个符号，快捷添加特性词汇为提示词，如图 1-17 所示。

图 1-17　即时 AI 选择不同特性提示词

优势 4： 可使用上传参考图功能，让生成的图片更加精准匹配创作需求。

1.5.4　意间 AI

优势 1： 这款国产 AI 绘画产品基于 Stable Diffusion 代码和部分自主研发模型开发，并简化 UI 界面；有 4 类途径（电脑网页端、手机浏览器端、独立 App端和微信小程序端）可供用户使用，其电脑网页端界面如图 1-18 所示。

图 1-18　意间 AI 电脑网页端界面

优势 2：小程序端可以选择图生图，可使用提示词把参考图的部分元素进行替换，例如保持画面中的人物不变而将白天变黑夜。

优势 3：App 端可以选择一键二次元，只需要上传图片，AI 自动生成用户选择的二次元风格图片。

1.5.5　造梦日记

优势 1：这款国产 AI 绘画产品基于 Stable Diffusion 代码和部分自主研发模型开发，并且简化了使用的 UI 界面；有 3 类途径（电脑网页端、手机浏览器端和微信小程序端）可供用户使用，其电脑网页端界面如图 1-19 所示。

图 1-19　造梦日记电脑网页端界面

优势 2：造梦日记微信小程序端集合了一些电脑网页端没有的工具，例如 AI 视频、头像生成器、萌宠变变变这三大功能。AI 视频功能可以实现上传一段实拍视频 AI 自动转化为动漫视频；头像生成器可以实现上传一系列实拍照片 AI 自动转化为动漫头像；萌宠变变变可以实现上传一系列实拍宠物照片 AI 自动转化为动漫人物照片。

优势 3：造梦日记电脑网页端集成了 ControlNet 这款强大的插件并简化了操作界面，可实现生成固定姿势的图片、轮廓检测、深度立体以及线稿上色四大功能，如图 1-20 所示。

图 1-20　造梦日记电脑网页端线稿上色功能

优势 4：造梦日记可以进行模型定制，基于用户上传同一主题的照片，通过人工智能技术对其展开学习训练，并能够形成模型以生成更多图片。用户定制的主题可以是人，也可以是动物或其他物体等。

优势 5：AI 鉴图和创意生成器，这两个功能在电脑网页端"造梦创意"中体验，也可以在微信小程序端和手机浏览器端的 AI 百宝箱体验。AI 鉴图可以实现：使用 AI 识别图片是否为 AI 绘制的。创意生成器可以实现：由 AI 将所提供的词优化成质量相对较高的提示词。

1.5.6　6pen

优势 1：这款国产 AI 绘画产品基于 Stable Diffusion 代码和部分自主研发模型开发，并且简化了使用的 UI 界面。有 3 类途径（电脑网页端、手机浏览器端、独立 App 端）可供用户使用，其电脑网页端界面如图 1-21 所示。

优势 2：自研模型共 3 个，其一为名叫南瓜的小模型，训练图片版权干净，且生成图片完全授权给用户；其二为名叫西瓜的大模型，细节更加丰富，清晰度也往往更高，但依然难驾驭，需要熟悉艺术家和风格；其三为名叫甜瓜的二次元模型，是一个版权更干净的二次元模型，没有使用 danbooru 数据集，适合生成二次元和风景图片。由 6pen 生成的图片范例如图 1-22 所示。

图 1-21　6pen 电脑网页端界面

图 1-22　6pen 模型生成图片范例

优势 3：可以训练自己的模型，在 6pen 提供的定制模型分类下，用户只需要上传 3~100 张照片，即可一步到位地获得属于自己的模型。定制模型支持人脸、动漫角色、物体、画风和动物这五个预置类别，在这五个类别之外，用户也可以训练其他的类别，只需要保证上传图片（即训练素材）有较高的质量，就能得到不错的训练结果。

定制模型能够对训练素材形成认知，使用定制模型时，可以通过文本描述，来使模型生成具有类似效果的图片。例如，当用户的训练素材为人的照片时，模型就可以生成出相似长相的图片，当训练素材为绘画作品时，模型就可以生成出类似风格的图片。定制模型意味着一个新的、属于用户的模型，它增加了用户灌输的知识，从而相较于通用模型，能够更好地输出用户想要的结果。6pen 模型定制界面如图 1-23 所示。

图 1-23　6pen 模型定制界面

自己定制好的模型，可以使用挂载模型用于生成属于自己专属模型风格的 AI 图片。

优势 4：6pen 提供有内置的模型市场，如图 1-24 所示，无须下载，只需简单 3 步就能实现挂载模型出图。

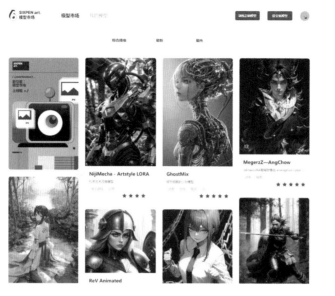

图 1-24　6pen 模型市场

步骤 1：如图 1-25 所示，选择自己喜欢的模型，点击打开详情页，点击获取按钮，提示获取成功。

图 1-25　6pen 模型详情页

步骤 2：如图 1-26 所示，模型详情页，点击使用模型按钮，弹窗中点击一键获取，不要关闭页面。

图 1-26　6pen **一键获取模型**

步骤 3：在模型详情页，再次点击使用模型按钮，会跳转创建绘画的页面，如图 1-27 所示，并自动挂载需要的模型，使用选择的模型智能出图。

图 1-27　6pen **挂载模型**

优势5：6pen 除了可以生成图片，还可以使用视频工具，AI 方法生成视频。

优势6：6pen 提供了一个灵感大爆炸功能，其实就是 Stable Diffusion 的无限出图功能。6pen 支持批量生成 20~2000 张图片，以超低的价格和超快的速度验证用户的想法。

优势7：6pen 提供了一个故事宇宙功能，如图 1-28 所示，可以让每个用户提供文案和配图，共同完成一篇有配图的长篇或者短篇小说。

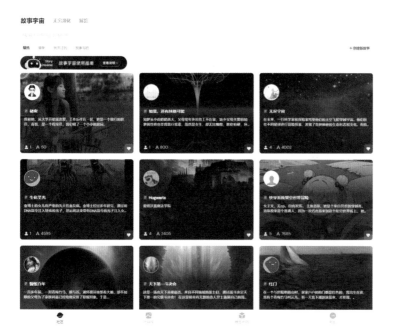

图 1-28　6pen 故事宇宙功能

优势8：6pen 的无穷演化是一项共同创作功能，如图 1-29 所示，从一张图片开始，让所有用户都可以参与其中，加入自己的创意、灵感、想法不断地升级图片，使这个图片不断得到大家的共创，并长久延续和流传。

优势9：6pen 提供了展览功能，如图 1-30 所示，有官方的主题画展需要的用户可以自行投稿。对于个人策展用户只需要创建合集添加自己创作的图片即可开启个人策展。

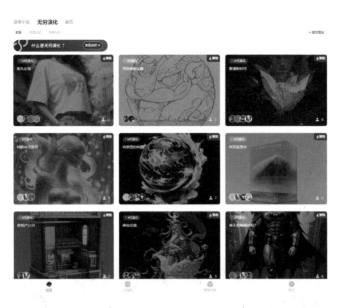

图 1-29　6pen 无穷演化功能

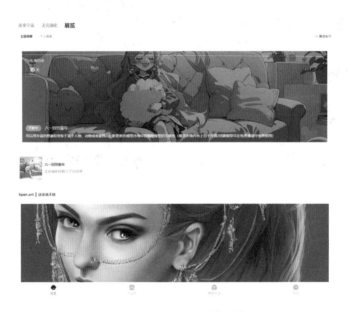

图 1-30　6pen 展览功能

1.5.7　Draft

优势 1： 这款国产 AI 绘画产品基于 Stable Diffusion 代码开发，并且简化了使用的 UI 界面；有 3 类途径（电脑网页端、手机浏览器端和独立 App 端）可供用户使用，其电脑网页端界面如图 1-31 所示。

图 1-31　Draft 电脑网页端界面

优势 2： 点击选择一个模型，再点击智能输入，如图 1-32 所示，可以根据用户选择的模型智能生成一些关键词。经过测试每个模型智能生成的提示词都只有 1 个，仅做参考提示词使用。

图 1-32　Draft 智能输入功能

27

优势 3：点击全部模板，如图 1-33 所示，可以选择不同类型的模型，模型非常多，选择余地非常大。

图 1-33　Draft 模型选择功能

优势 4：选择高级出图设置，如图 1-34 所示，可以有效地选择不同的 LoRA 模型（会叠加特定 LoRA 模型的风格影响出图效果）以及不同的采样器（采样器会影响出图视觉风格）。

图 1-34　Draft 高级出图模式

1.5.8 Vega

优势 1：这款国产 AI 绘画产品基于 Stable Diffusion 代码开发，并且简化了使用的 UI 界面；有 2 类途径（电脑网页端、手机浏览器端）可供用户使用，其电脑网页端界面如图 1-35 所示。

图 1-35　Vega 电脑网页端界面

优势 2：功能比较全面，有文生图（见图 1-36）、图生图、条件生图（见图 1-37）、姿势生图（见图 1-38）、智能编辑（见图 1-39）和风格定制（见图 1-40）6 大功能。

提供提示词即可按照提示词生成 AI 人物图片。

图 1-36　Vega 文生图功能

上传图片并添加新提示词，可在保留原始图片版面不变的情况下按照新的提示词生成新的 AI 人物图片。上传图片使用图片的深度图并输入提示词，可在保留原始图片深度图不变的情况下按照提示词生成新的 AI 人物图片。

图 1-37 Vega 条件生图功能

提供人物姿势即可按照固定姿势生成 AI 人物图片。

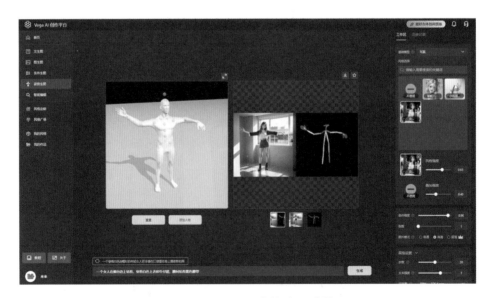

图 1-38 Vega 姿势生图功能

选择一个区域，添加新的关键词，保持大体不变的情况下增加物体或者删除物体。

图 1-39　Vega 智能编辑功能

通过 Vega 风格定制功能，可以定制属于自己的模型。

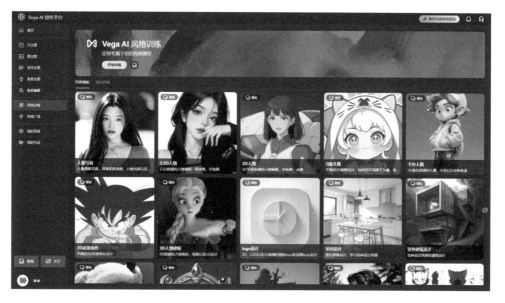

图 1-40　Vega 风格定制功能

1.6 Stable Diffusion 发展历程

1.6.1 Stable Diffusion1.0 萌芽阶段

温馨提醒

介绍早期版本的主要目的是让大家了解 Stable Diffusion 发展历程，Stable Diffusion 早期对外公布的 1.1~1.4 的版本是萌芽阶段的版本，缺陷非常多，不建议安装使用。

1. 功能缺失：这些版本相对现在的最新版本很多功能都是没有的；

2. 安装复杂：这些版本一般针对的是开发人员并非针对普通用户，安装的步骤是很复杂的；

3. 使用界面不完善：基本要靠修改各种各样的参数才能执行 AI 绘画；

4. 模型巨大：相对现在的版本，早期的模型文件非常巨大，大约有 7GB。

1. 预览版本 1.0

这个版本只是让大家初步了解 Stable Diffusion 能实现的功能，代码并没有对外发布。Stability AI 和合作者自豪地向研究人员发布 Stable Diffusion 的 1.0 预览版本。这是由 Runway 的帕特里克·埃瑟（Patrick Esser）和慕尼黑大学机器视觉与学习研究小组的罗宾·罗姆巴赫（Robin Rombach）领导的（以前是海德堡大学的 CompVis 实验室），基于他们之前在 CVPR'22 上关于潜在扩散模型的工作，并结合社区的支持在 Eleuther AI、LAION 和 Stability AI 生成自己的 AI 团队。

Stable Diffusion 是一种文本到图像的模型，使数十亿人能够在几秒钟内创作出令人惊叹的艺术作品。这是速度和质量的突破，意味着它可以在消费类

一本书读懂 AI 绘画

GPU 上运行。用户可以在页面上看到该模型在未经人工处理情况下创建的一些惊人输出。

核心数据集在 LAION-Aesthetics（美学）上进行了训练，LAION-Aesthetics 是 LAION 5B（**这是一个包含 58.5 亿个 CLIP 过滤图像和文本对应的数据集，是 LAION-400M 的 14 倍，是世界上最大的可公开访问的免费图像文本数据集**）发布的一个子集。LAION-Aesthetics 是使用基于 CLIP 的新模型创建的，该模型根据图像的"美学"程度过滤 LAION-5B，并建立在 Stable Diffusion 的 alpha 测试人员的评级基础上。LAION-Aesthetics 与其他子集一起在 lAlon.ai 上已经发布。

Stable Diffusion1.0 预览版本可以在消费类 GPU 上的 10GB 显存下运行，可在几秒钟内生成 512x512 像素的图像。这将允许研究人员和用户在一系列条件下运行它，使 AI 图像生成全民化，人人都可以用 AI 绘画。期待围绕这一点出现的开放生态系统和进一步的模型，以真正探索潜在空间的边界。

该模型曾在 Stability AI 的 4000 个 A100 的 AI 超级集群上进行了训练，作为探索这种方法和其他方法的一系列模型中的第一个。Stability AI 一直在与超过 1 万名每天创建 170 万张图像的 Beta 测试人员一起大规模测试该模型。

2. 开源版本 1.4

Stability AI 将 Stable Diffusion 彻底开源，Stability AI 通过与 HuggingFace（**全球最大的人工智能社区**）法律、道德和技术团队以及 CoreWeave（**GPU 云服务器公司**）出色的工程师合作整合了以下元素：

（1）该模型是根据 Creative ML OpenRAIL-M 许可证发布的。此许可证侧重于模型基于道德和法律的合法使用。这是一个商业和非商业用途的许可。

（2）Stability AI 开发了一个基于人工智能的安全分类器，默认包含在整个软件包中。这可以增强大家对 AI 绘画概念的理解和避免其他不应该出现的元素，并避免用户可能不需要的无效绘画输出。它的参数可以很容易地调整，虽然图像生成模型很强大，但仍需要改进以了解如何更好地表示人们想要的东西。此模型版本是众多开发者许多小时集体努力的结晶，旨在创建一个将人类视觉信息压缩到数吉比特的模型文件。

3. 开源版本 1.5

更新 1：模型升级

Stable Diffusion1.5 模型基于 Stable Diffusion1.2 模型进行优化，使用 LAION-Aesthetics（美学）2.5+ 这个数据集上以 512×512 像素的分辨率训练了 59.5 万步，大约是之前 Stable Diffusion1.4 模型 22.5 万训练步数的 2.6 倍，从而确保图像的生成精确度进一步得到提高。

更新 2：开启图像修复（Inpainting）功能

Stable Diffusion 在 img2img（image to image）进行图生图界面中。点击图像修复（Inpaint）由用户提供的蒙版描绘现有图像的一部分，根据所提供的提示词用新生成的内容填充蒙版的内部，如图 1-41 所示。

图 1-41　Stable Diffusion 图像修复功能

1.6.2　Stable Diffusion 2.0 成熟阶段

1. 成熟版本 2.0

与最初的版本相比，Stable Diffusion 2.0 提供了许多重大改进和功能升级。

更新 1：升级的文本到图像模型

Stable Diffusion 2.0 版本包括使用全新文本编码器（OpenCLIP）训练的强大的文本到图像模型，该模型由 LAION 在 Stability AI 的支持下开发，与早期的版本相比，它大大提高了生成图像的质量。此版本中的文本到图像模型可以生成默认分辨率为 512×512 像素和 768×768 像素的图像。

这些模型在 Stability AI 的 DeepFloyd 团队创建的 LAION-5B 数据集的美学子集上进行训练，然后使用 LAION 的 NSFW 过滤器进一步以删除不宜使用的成人或者暴力内容。由 Stable Diffusion 2.0 文生图模型生成的图片范例如图 1-42 所示。

（a）　　　　　　　　　（b）

图 1-42　Stable Diffusion 2.0 文生图模型生成的图片范例

更新 2：图像放大模型

Stable Diffusion 2.0 还包括一个**超分辨率** Upscaler 扩散模型，该模型将图像的分辨率提高了 3 倍。图 1-43 是模型将低分辨率生成图像（128×128 像素）放大为更高分辨率图像（512×512 像素）的示例。结合文本到图像模型，Stable Diffusion 2.0 现在可以生成分辨率为 2048×2048 像素甚至更高的图像。

（a）放大前　　　　　　　　　（a）放大后

图 1-43　Stable Diffusion 图像放大模型生成的图片对比

更新 3：图像深度模型

新的基于图像深度的稳定扩散模型，称为 Depth2img，扩展了 V1 之前的图生图功能，为创意应用提供了全新的可能性。Depth2img 推断输入图像的深度，然后使用文本提示词和图像深度信息共同生成新图像。可以在保持原始图片构图不变的情况下生成各种不同风格、材质、人物、效果的新图像，如图 1-44 所示。

图 1-44　Stable Diffusion 图像深度模型生成的图片

更新 4：图像修复模型

一个新的图像修复模型，在新的 Stable Diffusion 2.0 基础文生图的功能上进行了微调，这使得智能快速地切换图像的各个部分变得非常容易。

2. 成熟版本 2.1

更新 1：模型再升级

Stability AI 公司听取了用户对 Stable Diffusion 2.0 模型的意见并调整了过滤器。该过滤器仍会去除一些不合时宜的内容，从而减少了它检测到的误报数量。Stable Diffusion 2.0 模型经过微调后，为用户提供了一个两全其美的模型。它可以轻松呈现美丽的建筑概念和自然风光，同时还能制作出奇妙的人物和流行文化图像。Stable Diffusion 2.1 版本提供了改进的解剖结构和手，并且在一系列令人难以置信的艺术风格方面比 Stable Diffusion 2.0 更好。

更新 2：图像大小升级

Stable Diffusion 2.1 模型还具有渲染非标准分辨率的能力。这可以帮助用户完成各种令人惊叹的操作，例如使用极端宽高比为用户提供美丽的远景和史诗般的宽屏图像。

3. Stable Diffusion unclip 2.1

Stable Diffusion 2.1 unclip 是 Stable Diffusion 2.1 的微调版本，经典的文本到图像稳定扩散模型被训练为以文本输入为条件。此版本用图像编码器替换了原始文本编码器。因此，不是基于文本输入生成图像，而是从原始图像生成新图像。添加一些噪声以在编码器之后产生变化。

这种方法会生成具有不同细节和构图的相似图像，如图 1-45 所示。与图像到图像算法不同，源图像首先被完全编码，因此生成器不使用原始图像的单个像素。

（a）原始图

（b）生成图

图 1-45　原始图（见上页）与添加噪声自动生成的新图片

1.6.3　Stable Diffusion 发展阶段

从 Stable Diffusion 2.1 这个稳定版本阶段之后，Stable Diffusion 通过企业收购、合作发布和独立研发等方式发布一批辅助工具帮助 Stable Diffusion 变得更加强大。

1. 合作发布文本到动画工具

2023 年 2 月，人工智能公司 Krikey.ai 宣布与 Stability AI 建立人工智能动画合作伙伴关系，合作发布动画工具，如图 1-46 所示。Krikey 的 AI 文本到动画工具使用户可以采用文本短语在几分钟内生成头像动画。然后，用户可以将视频文件或 fbx 文件导出到他们的社交媒体账户、3D 游戏引擎或所选的电影编辑软件。Krikey 的工具还允许用户自定义他们的 3D 头像，然后为该头像生成 AI 动画。

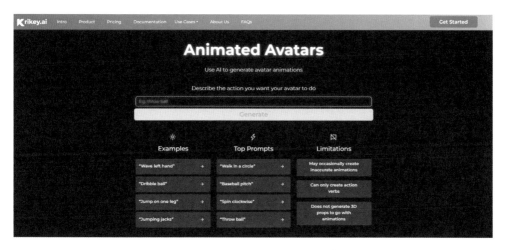

图 1-46　Krikey.ai 和 Stability AI 合作发布动画工具

2. 发布文本到 3D 插件

2023 年 3 月 2 日，人工智能公司 Stability AI 宣布推出 Stability for Blender，这是一种在 Blender 中使用 Stable Diffusion 的免费、简便的插件工具，如图 1-47 所示。Blender 是一款专业的开源 3D 计算机图形软件。这个新工具允许用户使用 Stable Diffusion 中在 Blender 中生成纹理、视频等。

Installing
Learn how to install the Stability addon for Blender.

Get Started
Learn how to use the Stability addon for Blender to generate images from text.

Render-to-Image
Learn how to use the Stability addon for Blender to generate images from your renders.

Generate Textures
Learn how to use the Stability addon for Blender to generate images from your existing textures.

Animation
Learn how to use the Stability addon for Blender to generate animations from your videos.

Upscaler
Learn how to use the Stability addon for Blender to upscale your rendered images and animations.

图 1-47　Stability for Blender 工具

Stability for Blender 是 Stability AI 官方支持的一种在 Blender 中使用 Stability SDK 的零麻烦工具。Stability for Blender 无须安装任何依赖项，也不需要 GPU，用户只需通过互联网连接即可将 AI 后处理效果添加到渲染中——这在以前需要使用极其昂贵的硬件。Stability for Blender 有 5 大功能：

· 使用文本提示词生成图片

· 使用文本提示词生成材质改变 3D 模型渲染效果

· 从现有图片中生成纹理材质

· 制作动画

· 放大图片

凭借直接在 Stable Diffusion 中生成纹理和视频的能力，用户可以简化工作流程、减少上下文、在不同软件和工具之间切换、改进协作并创建高度可定制的资产，从而减少时间和成本。

3. 收购 AI 工具 Clipdrop 制造商 Init ML

2023 年 3 月 7 日，人工智能公司 Stability AI 宣布已收购全球流行的 AI 图像处理工具 Clipdrop 的制造商 Init ML。

该交易支持 Stability AI 使用强大的开源代码生成 AI 模型构建一流应用程序。它还为 Clipdrop 的开发人员提供了最先进的人工智能技术和计算能力，用于其下一代成像工具，如图 1-48 所示。

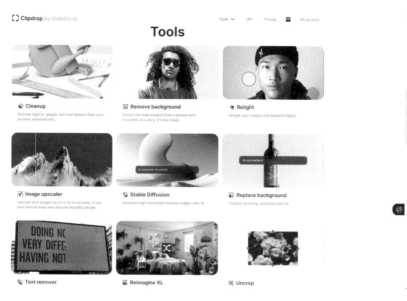

图 1-48　Clipdrop 工具

Stability AI 创始人兼首席执行官埃马德·莫斯塔克（Emad Mostaque）表示："我们很高兴将即将推出的最新 Stability AI 生成模型集成到 Clipdrop 平台中，让世界各地的创作者都能轻松使用我们的技术。此次收购将为 Clipdrop 提供推进下一个生成式人工智能时代所需的资源，标志着我们在创造性工作流程中实现人工智能和多模式基础模型大众化的共同旅程中的一个新里程碑。"

第 2 章
Stable Diffusion 安装指南

2.1 准备工作

2.1.1 软件下载

Stable Diffusion 的安装常用的有三种选择：

第 1 种选择（强烈推荐）

bilibili 的一位用户制作了一个 Stable Diffusion 整合安装包，如图 2-1 所示，已经整合了各种依赖环境，不用额外安装，下载压缩包基本就可以使用。本整合包基于开源软件 Stable Diffusion Webui 制作，强烈推荐使用这个整合包来安装。任何人都可以使用以下这段源码在自己电脑上安装属于自己的 Stable Diffusion 软件，完全免费、不限次数、无须网络。

图 2-1　整合安装包

第 2 种选择（中等推荐）

GitHub 的一位用户整合了 Stable Diffusion 需要的各个安装依赖环境，名为 stable-diffusion-webui，提供方便的安装体验。这个安装包相对第 3 种选择更容易安装，但出现安装错误的可能性远大于第 1 种方法，作为中等推荐使用。

温馨提醒

如果用户已经使用了第 1 种选择完成安装，不必重复安装第 2 种软件。

第 3 种选择（不推荐）

Stability AI 公司已经在全球最大开源的社区 GitHub 上开源了源代码，如图 2-2 所示，这个版本虽然是官方的，但安装步骤非常烦琐，不推荐使用。

Stable Diffusion Version 2

图 2-2　Stable Diffusion 官方源代码

2.1.2 准备硬件

硬件方面：

笔记本电脑或台式电脑均可，手机端暂时无法安装 Stable Diffusion。

硬件配置建议：

系统： 推荐使用 Windows10 或 Windows11 系统；不推荐使用 Mac 笔记本或者 Mac 台式电脑，因为首先 Mac 的 GPU 和 CPU 都不太适合 Stable Diffusion，其次 Mac 系统的电脑安装 Stable Diffusion 的步骤非常烦琐。

内存： 最低 8GB，建议 16GB。

显卡： 最低 20 系列 NVIDIA 独立显卡，推荐使用 30/40 系列 NVIDIA 独立显卡；虽然 20 系列可以使用但生成图片的时间要比 30 系列的显卡长很多。不推荐使用 AMD 显卡或集成显卡（CPU 集成显卡和主板集成显卡都无法安装）。

硬盘： 最低需要 100GB 空间。剩余空间越大越好，后续一个大模型可能占7GB 硬盘空间。

电源功率： 400~600W，高端显卡耗电较大。

CPU 和主板： 无要求。

小知识： 集成显卡分为 CPU 集成显卡和主板集成显卡两大类。CPU 集成显卡就是集成在 CPU 内部的显卡通常称为核显，如 Intel 酷睿 i3、i5、i7 系列处理器以及 AMD APU 系列处理器中多数都集成了显卡。主板集成显卡是指集成在主板北桥中的显卡，如 880G 主板上面的集成显卡。目前处理器核心显卡的性能已经领先于主板集成的显卡，除了老平台的主板外已经不再有主板集成显卡的新品。

2.2 本地安装

适合本地安装： Windows 系统且硬盘较大（剩余 100GB）和显卡较好（NVIDIA GeForce RTX3060 以及更好）的用户，强烈推荐本地安装。

本地安装好处： 无须额外付费，可离线使用。

2.2.1 下载并解压压缩包

下载 sd-webui-aki-v4.1.zip 压缩包文件，如图 2-3 所示，压缩包文件较大，接近 10GB，因为后续模型目录还要下载模型文件，安装目录下最好预留有100GB 以上剩余空间。

图 2-3　软件安装包

使用解压软件解压 sd-webui-aki-v4.1.zip 压缩包文件到安装目录，建议为硬盘根目录例如 E:/SD，安装目录的名称切记不能是中文，如图 2-4 所示。

图 2-4　解压软件安装包

2.2.2　运行启动器

①打开解压完成的文件夹，在根目录中找到"A 启动器 .exe"这个可执行文件，双击鼠标打开，如图 2-5 所示。

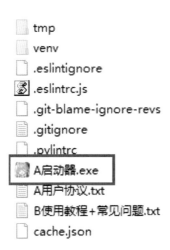

图 2-5　打开启动器

②启动器第一次运行会出现更新的情况，耐心等待启动器更新完毕即可，如图 2-6 所示。

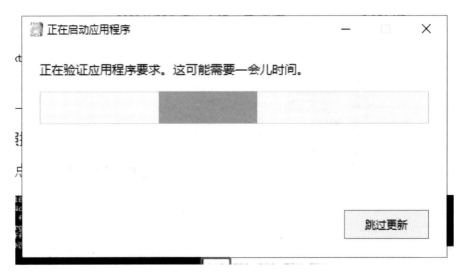

图 2-6　启动器更新等待

③启动器右下角点击"一键启动"按钮，如图 2-7 所示，会打开控制台等待

Stable Diffusion 软件启动。

图 2-7　启动器界面

④第一次运行控制台会出现以下提示请在冒号后填入："我已阅读并同意用户协议"，然后点击左下角文件点击保存，关掉记事本即可，后续再次运行的时候不会再出现这个步骤，如图 2-8 所示。

图 2-8　启动器用户协议

⑤控制台会出现 5~30 秒的加载，耐心等待加载完成即可，如图 2-9 所示。

47

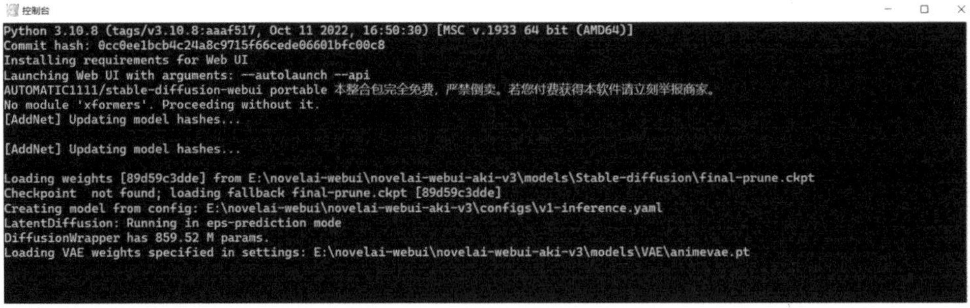

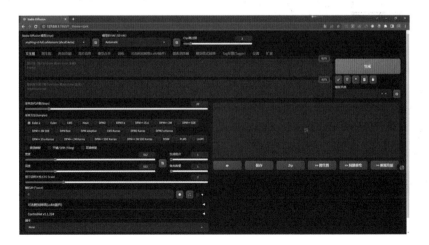

```
控制台                                                                    —  □  ×
Python 3.10.8 (tags/v3.10.8:aaaf517, Oct 11 2022, 16:50:30) [MSC v.1933 64 bit (AMD64)]
Commit hash: 0cc0ee1bcb4c24a8c9715f66cede06601bfc00c8
Installing requirements for Web UI
Launching Web UI with arguments: --autolaunch --api
AUTOMATIC1111/stable-diffusion-webui portable 本整合包完全免费, 严禁倒卖。若您付费获得本软件请立刻举报商家。
No module 'xformers'. Proceeding without it.
[AddNet] Updating model hashes...

[AddNet] Updating model hashes...

Loading weights [89d59c3dde] from E:\novelai-webui\novelai-webui-aki-v3\models\Stable-diffusion\final-prune.ckpt
Checkpoint not found; loading fallback final-prune.ckpt [89d59c3dde]
Creating model from config: E:\novelai-webui\novelai-webui-aki-v3\configs\v1-inference.yaml
LatentDiffusion: Running in eps-prediction mode
DiffusionWrapper has 859.52 M params.
Loading VAE weights specified in settings: E:\novelai-webui\novelai-webui-aki-v3\models\VAE\animevae.pt
```

图 2-9　控制台加载等待

2.2.3　安装成功

温馨提醒

Stable Diffusion 在浏览器成功启动网页后，控制台和启动器切记不能关闭。

控制台加载完成后会弹出 Stable Diffusion 界面的本地网页，如图 2-10 所示，一般都是链接 127.0.0.1:7860，这样就代表 Stable Diffusion 已经安装成功了。

图 2-10　Stable Diffusion **界面**

2.3 云端安装

适合云端安装： 如果有以下四种情况的任意一种，只能使用云端安装：Windows 系统电脑的硬件性能不够、Mac 电脑用户、AMD 显卡用户、集成显卡用户，

云端安装缺点： 需要支付一定的云服务器费用，需要连接互联网才能使用。

2.3.1 注册账户和选择云服务器

①打开 AUTODL 官网，点击右上角注册账户，如图 2-11 所示。

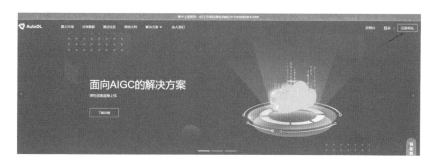

图 2-11 注册账号位置

②填写手机号和验证码，设置密码，完成注册。登录后默认进入如图 2-12 所示页面，请点击算力市场。

图 2-12 算力市场

第一部分 入门篇

第二部分 精通篇

第三部分 变现篇

49

③进入算力市场后选择云服务器。计费方式建议选择按量计费，地区选择无特殊要求，GPU 型号建议选择 RTX 3090。点击 1 卡可租的图标后，进入创建实例页面，如图 2-13 所示。

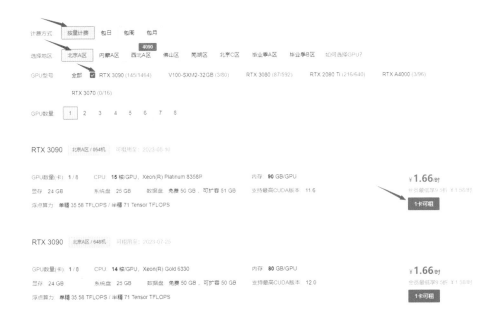

图 2-13 选择云服务器

④在创建实例页面，找到镜像—社区镜像，输入 NovelAI-Consolidation-Package-3.1，选择 v10 版本即可，如图 2-14、图 2-15、图 2-16 所示。

图 2-14 设置社区镜像

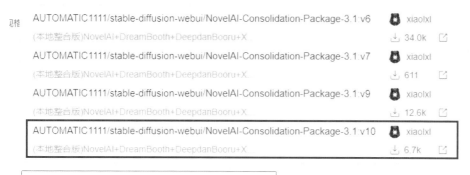

NovelAI-Consolidation-Package-3.1|

创建完成后仍然可以更换其他镜像

图 2-15　选择社区镜像

创建完成后仍然可以更换其他镜像

图 2-16　确认社区镜像

社区镜像显示图中所示英文的就代表镜像选择正确。

2.3.2　充值账户和创建云服务器

温馨提醒

1. 云端安装：这种方式是需要支付一定费用的，一般是 1 块多钱 1 小时，不足 1 小时按照实际使用时间计算费用，并且必须要连接互联网才可以操作。

2. 本地安装：没有充值环节，全部为本地电脑安装并免费生成图片，并且可以无网络操作。

如果是第一次使用，需要充值账户，请点击右下角的"余额不足去充值"。充值完毕后，点击立即创建按钮，云服务器就创建成功。

2.3.3 设置云服务器

①购买好云服务器后会自动进入后台的容器实例，云服务器会自动开始部署相关文件，如图 2-17 所示。

图 2-17 云服务器部署实例

部署完毕后，状态显示运行中，从右侧快捷工具中选择进入 jupyterlab，如图 2-18 所示。

图 2-18 云服务器实例进入 jupyterlab

进入 jupyterlab 后进入如图 2-19 所示的界面，点击运行按钮，等待显示移动完成后，使用键盘的 F5 刷新网页。

图 2-19 云服务器 jupyterlab 界面

②右上角点击 Python3 的地方，会出现选择内核的弹窗，选择 xl_env 后，点击选择按钮，如图 2-20 所示。

图 2-20　云服务器选择首选内核

③右上角变成 xl_env 后，鼠标移动到箭头所指代码的位置，点击运行按钮，会出现如图 2-21 所示的启动器界面。

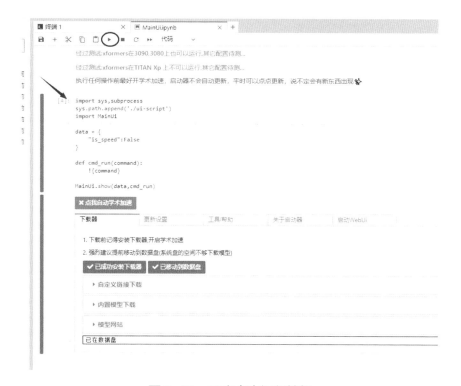

图 2-21　再次点击运行按钮

④启动器界面，点击"点我自动学术加速"，如图 2-22 所示。

图 2-22 "点我自动学术加速"按钮

⑤点击完毕会显示加速成功，点击下载器选项卡中的"点我移动到数据盘"，如图 2-23 所示。成功后会显示已移动到数据盘，如图 2-24 所示。

图 2-23 "点我移动到数据盘"按钮

图 2-24 移动数据盘成功

⑥启动 WebUi 界面，下拉到页面最下端，点击运行 WebUi，如图 2-25、图 2-26 所示。

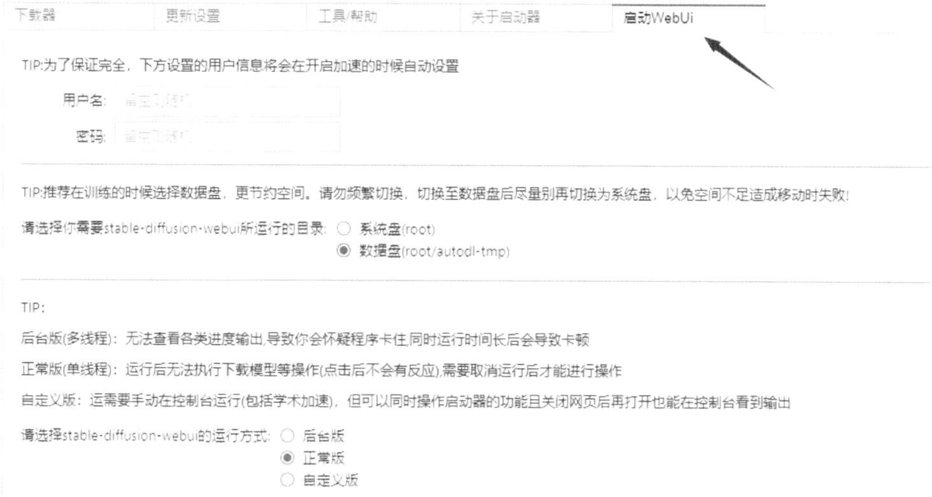

图 2-25　启动 WebUi 界面

运行WebUi

启动完毕后通过自定义服务打开网站

点击此处打开服务器列表

图 2-26　运行 WebUi 按钮

2.3.4　安装成功

①安装界面显示网址，就代表距离安装成功只差一步之遥，如图 2-27 所示。

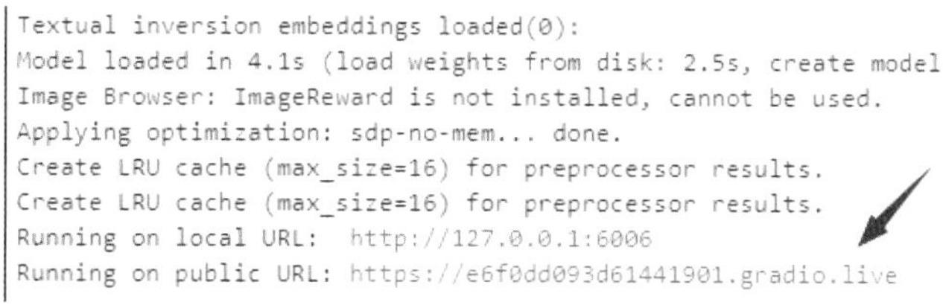

```
Textual inversion embeddings loaded(0):
Model loaded in 4.1s (load weights from disk: 2.5s, create model: (
Image Browser: ImageReward is not installed, cannot be used.
Applying optimization: sdp-no-mem... done.
Create LRU cache (max_size=16) for preprocessor results.
Create LRU cache (max_size=16) for preprocessor results.
Running on local URL:  http://127.0.0.1:6006
Running on public URL: https://e6f0dd093d61441901.gradio.live
```

图 2-27　接近安装成功

②运行 WebUi 按钮下面有一行蓝色小字“点击此处打开服务器列表”，点击这段蓝色小字，如图 2-28 所示。

运行WebUi
启动完毕后通过自定义服务打开网站
点击此处打开服务器列表

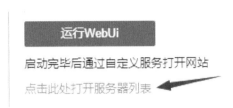

图 2-28　点击此处打开服务器列表

③点击自定义服务，如图 2-29 所示，会出现一个输入用户名界面，如图 2-30 所示，输入刚才 WebUi 界面中的用户名和密码。

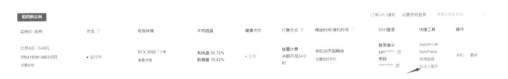

租用新实例
订阅GPU通知
设置密钥登录
实例ID /名称
状态
规格详情
本地磁盘
健康状态
付费方式
释放时间/停机时间
SSH登录
快捷工具
操作
北京A区 / 648机
3ffb4180bf-4d0343f2
设置名称
• 运行中
RTX 3090 * 1卡
查看详情
系统盘 55.72%
数据盘 19.42%
• 正常
按量计费
余额不足24小时
关机30天后释放
设置定时关机
登录指令
ssh******
密码
****
JupyterLab
AutoPanel
实例监控
自定义服务
关机
更多

图 2-29　点击自定义服务

下载器
更新设置
工具/帮助
关于启动器
启动WebUi
TIP:为了保证完全，下方设置的用户信息将会在开启加速的时候自动设置
用户名: mgWbkAIE
密码: vYGPzlop
TIP:推荐在训练的时候选择数据盘，更节约空间。请勿频繁切换，切换至数据盘后尽量别再切换为系统盘，以免空间不足造成移动时失败!
请选择你需要stable-diffusion-webui所运行的目录: 系统盘(root)
数据盘(root/autodl-tmp)
TIP:
后台版(多线程): 无法查看各类进度输出,导致你会怀疑程序卡住,同时运行时间长后会导致卡顿
正常版(单线程): 运行后无法执行下载模型等操作(点击后不会有反应),需要取消运行后才能进行操作
自定义版: 运需要手动在控制台运行(包括学术加速)，但可以同时操作启动器的功能且关闭网页后再打开也能在控制台看到输出
请选择stable-diffusion-webui的运行方式: 后台版
正常版
自定义版

图 2-30　用户名和密码位置

④输入用户名和密码后，就会出现 Stable Diffusion 的界面，代表 Stable Diffusion 云端安装成功了，如图 2-31 所示。

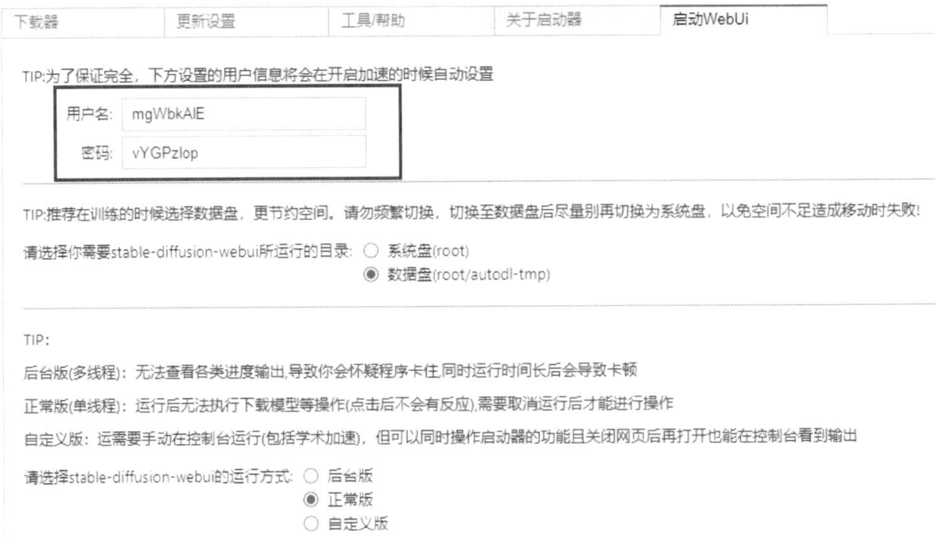

图 2-31　安装完成

2.4　安装常见问题

问题 1：本地安装过程中，打开 A 启动器这个可执行文件，提示需要安装 NET，怎么解决？

答：请下载网盘链接中的文件"启动器运行依赖 -dotnet-6.0.11.exe"，双击运行，点击安装即可，如图 2-32 所示。

文件名

可选controlnet1.1

启动器运行依赖-dotnet-6.0.11.exe

sd-webui-aki-v4.1.zip

图 2-32　选择启动器运行依赖

问题 2：云端安装过程中，如果出现如图 2-33 所示的提示，怎么解决？

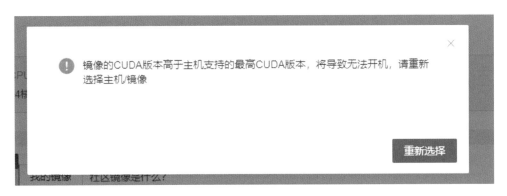

图 2-33　云端安装 CUDA 版本问题

答：可以到算力市场找 CUDA 版本高一些的显卡租赁，例如 CUDA 11.7 或者 12.0 版本。

第 3 章
Stable Diffusion 使用锦囊

Stable Diffusion 常用的 4 大功能为文生图、图生图、解析图片和放大图片。本章节将对以上 4 大功能加以完整实操讲解，带领用户掌握这 4 大常用功能的操作逻辑和操作方法。本章节对各种术语仅做简单描述或解析，对各种参数仅做建议数值推荐，请用户完整领会操作逻辑和实操方法，以便后续章节的学习。

3.1　文生图

3.1.1　作用

文生图（Text to Image,Txt2img）功能可理解为通过用户提供给 Stable Diffusion 文字提示词（用户希望生成图片的主题、风格、细节等文字），Stable Diffusion 实现按照文字提示词的要求自动制作图片的功能，如图 3-1 所示。

图 3-1　文生图功能效果图

3.1.2　实操逻辑

第 1 步：了解提示词概念

了解什么是文字提示词？文字提示词有几种？提示词的优先级是什么写法？

第 2 步：构思文字提示词

通过文字提示词告诉 Stable Diffusion，用户期望展示的画面内容。例如，一个穿着白色上衣、蓝色牛仔裤的 30 岁女人，在下午 6 点左右，来到了海滩边上看夕阳。

第 3 步：根据提示词选择并下载合适的模型

例如上文提示词需要表现的是真实的女性，选择的模型就必须是写实类型的模型。

第 4 步：调整参数

例如需要生成多张就调整生成图片张数。

3.1.3　实操方法

1. 理解提示词 + 构思提示词

理解提示词

文字提示词：

通过文字提示词告诉 Stable Diffusion 用户期望展示的画面内容，提示词分正向提示词和反向提示词两种。

正向提示词：

想让 AI 在图片上展示的描述性文字。可以是单词也可以是句子，中间用英文逗号隔开，注意必须用英文描述。

反向提示词：

不想让 AI 在图片上展示的描述性文字。可以是单词也可以是句子，中间用英文逗号隔开，注意必须英文描述。

构思提示词通常有 2 种方式

第 1 种： 如果对画面内容有完整构思，已然胸有成竹，可以直接用中文句子先写出文字提示词再翻译成英文。也可以使用如图 3-2 所示的提示词网站，按用户完整构思选择相应的提示词。

例如希望画面内容为：一个穿粉红色汉服，以第一人称视角进行脸部特写的站着的中国女孩，周围有村庄并下着雪。

图 3-2　AI 咒术生成器

第 2 种： 用户手上有一个现成的图片，需要反向推理此图片画面内容可能的文字提示词，此时就可以借助一个简单的工具：Stable Diffusion 法术解析，如图 3-3 所示。该程序的开发者：秋叶 aaaki。解析图片的详细信息会在本书"3.3 解析图片"章节中介绍，并提供多种图片反推提示词的方法。

图 3-3　Stable Diffusion 法术解析

该工具不但可以识别提示词和反向提示词，参数也可以被全部识别出来，如图 3-4 所示。

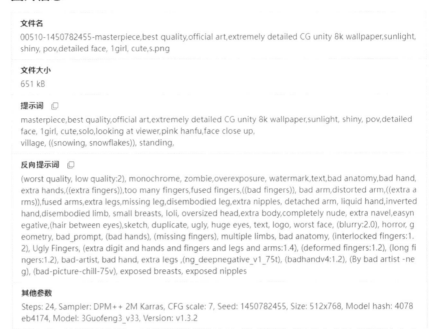

图片信息

文件名
00510-1450782455-masterpiece,best quality,official art,extremely detailed CG unity 8k wallpaper,sunlight, shiny, pov,detailed face, 1girl, cute,s.png

文件大小
651 kB

提示词 📋
masterpiece,best quality,official art,extremely detailed CG unity 8k wallpaper,sunlight, shiny, pov,detailed face, 1girl, cute,solo,looking at viewer,pink hanfu,face close up, village, ((snowing, snowflakes)), standing,

反向提示词 📋
(worst quality, low quality:2), monochrome, zombie,overexposure, watermark,text,bad anatomy,bad hand, extra hands,((extra fingers)),too many fingers,fused fingers,((bad fingers)), bad arm,distorted arm,((extra a rms)),fused arms,extra legs,missing leg,disembodied leg,extra nipples, detached arm, liquid hand,inverted hand,disembodied limb, small breasts, loli, oversized head,extra body,completely nude, extra navel,easyn egative,(hair between eyes),sketch, duplicate, ugly, huge eyes, text, logo, worst face, (blurry:2.0), horror, g eometry, bad_prompt, (bad hands), (missing fingers), multiple limbs, bad anatomy, (interlocked fingers:1. 2), Ugly Fingers, (extra digit and hands and fingers and legs and arms:1.4), (deformed fingers:1.2), (long fi ngers:1.2), bad-artist, bad hand, extra legs ,(ng_deepnegative_v1_75t), (badhandv4:1.2), (By bad artist -ne g), (bad-picture-chill-75v), exposed breasts, exposed nipples

其他参数
Steps: 24, Sampler: DPM++ 2M Karras, CFG scale: 7, Seed: 1450782455, Size: 512x768, Model hash: 4078 eb4174, Model: 3Guofeng3_v33, Version: v1.3.2

图 3-4　Stable Diffusion 法术解析图片信息

操作步骤

打开 Stable Diffusion 软件，选择文生图选项卡，红色区域填写正向提示词，绿色区域填写反向提示词，如图 3-5 所示。

图 3-5　Stable Diffusion 填入提示词

正向提示词英文：

masterpiece,best quality,official art,extremely detailed CG unity 8k wallpaper,sunlight, shiny, pov,detailed face, 1girl, cute,solo,looking at viewer,pink hanfu,face close up,village, ((snowing, snowflakes)), standing

正向提示词中文翻译：

杰作，最好的质量，官方艺术，细节丰富的 CG 统一 8k 壁纸，阳光，闪亮，第一人称视角，高清的脸，1 个女孩，可爱，单人，面向观众，粉红色的汉服，脸部特写，村庄，［（下雪，雪花）］，站姿

2. 选择并下载合适模型

①本次画面内容需要表现的是二次元＋中国风的女性，选择的模型就必须是拥有二次元＋中国风特性的模型，推荐使用国风 3 模型，如图 3-6 所示。

图 3-6　下载模型

②将模型文件放在 Stable Diffusion 安装根目录 /models/Stable-diffusion 文件夹内，此处 Stable Diffusion 安装根目录是在 E 盘 AI 目录下，所以模型文件放在 E:AI/models/Stable-diffusion 下即可，如图 3-7 所示。

63

名称

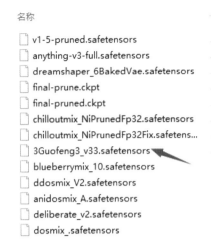

- v1-5-pruned.safetensors
- anything-v3-full.safetensors
- dreamshaper_6BakedVae.safetensors
- final-prune.ckpt
- final-pruned.ckpt
- chilloutmix_NiPrunedFp32.safetensors
- chilloutmix_NiPrunedFp32Fix.safetens...
- 3Guofeng3_v33.safetensors
- blueberrymix_10.safetensors
- ddosmix_V2.safetensors
- anidosmix_A.safetensors
- deliberate_v2.safetensors
- dosmix_.safetensors

图 3-7　保存模型

③打开 Stable Diffusion 软件，左上角选择国风 3 的模型，如图 3-8 所示。

图 3-8　选择模型

3. 设置参数

文生图中常用参数

采样迭代步数（Sampling Steps）：推荐 20 的数值。

解析：迭代步数越大产出的图片就越精细，但是占用的显存就越大，产出图片就越慢。并不是步数越高就越好，当采样步数达到一定的阈值（一般是 20）后，再增加步数对细节的提升作用会变得有限，此外如果大模型和 LoRA 模型不支持生成超精细的图就会出现扭曲崩坏的图。

采样方法：推荐使用 DPM++2S a Karras。

解析：采样方法是指生成图像不同画风使用的算法，DPM++ 采样算法对生成写实风格图片是首选。

提示词相关性（CFG Scale）：推荐 7，根据生成图片再做调整。

解析：数值越大，效果越接近提示词；数值越小，效果越偏离提示词，由 AI 自由发挥。

每批数量（Batch size）：推荐 1~4。

解析：每次生产的图片数量。

生成批次（Batch count）：推荐 1。

解析：同样的提示词以及全部参数配置循环运行的次数，例如设置每批数量为 6，设置生成批次为 3，那就一共会生成 18（3×6=18）张图片。

宽度及高度（Width Height）：推荐宽 512，高 768。

解析：显卡配置一般的条件下，宽度及高度可设置为 512×768（竖版）、512×512（正方形）就可以了，图片大小的数值必须是 64 的倍数，显卡配置好些的可以选择 2 倍或者 3 倍。最好不要超过 2000，否则可能出现分辨率过高，模型不支持生成高精度图，进而出现崩坏的情况。

随机种子（seed）：默认 -1。

解析：使用相同种子（seed）数值可以生成相似风格或者人物的图片。如果用户想生成相似风格的图片，可以把 seed 数值复制到随机种子替换掉默认数值 -1。

按照表 3-1 中的参数设置完毕，点击图 3-9 右上角的橙色生成按钮，Stable Diffusion 会自动生成图片，如图 3-10 所示。

表 3-1　文生图参数与参数设置对照表

参数名	参数设置	参数名	参数设置
采样迭代步数	24	每批数量	4
采样方法	DPM++2M Karras	提示词相关性	7
宽度 × 高度	512×768	随机种子	1450782452

65

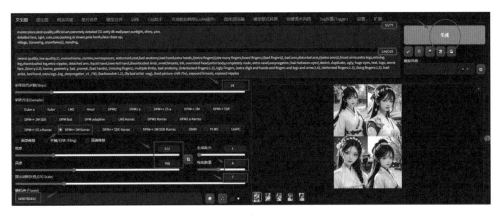

图 3-9　参数设置界面

图 3-10　最终生成图片

4. 举一反三

思维拓展 1

　　使用相同的提示词和相同的参数，使用不同模型（12 种模型）得到不同风格图片，如图 3-11 所示；用户可以结合本书编写的文生图实操方法自主尝试。

图 3-11　不同模型（12 种模型）得到不同风格图片

思维拓展 2

　　使用相同的模型和相同的提示词，使用不同的参数（仅提示词相关性从 0.5 到 6，其他参数不变）得到和提示词相关性不同的图片，如图 3-12 所示；用户可以结合本书编写的文生图实操方法自主尝试。

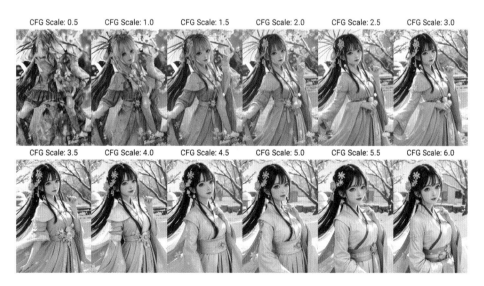

图 3-12　不同参数（提示词相关性）得到不同风格图片

思维拓展 3

　　使用相同的模型和相同的提示词，使用不同的参数（仅步数从 1 到 60，其他参数不变）得到不同步数生成的图片，如图 3-13、图 3-14、图 3-15 所示；用户可以结合本书编写的文生图实操方法自主尝试。

图 3-13　较低采样步数的效果欠佳

图 3-14　中等采样步数的效果细节逐渐完善

图 3-15　高采样步数的效果对细节提升不明显

思维拓展 4

使用相同的模型和相同的参数，使用不同的提示词（仅人物种类修改其他提示词不变）得到不同内容的图片，如图 3-16 所示；用户可以结合本书编写的文生图实操方法自主尝试。

1 少女　　　　　　　1 老年男性　　　　　　1 老年女性

图 3-16　不同提示词得到不同内容图片

3.2　图生图

3.2.1　作用

图生图（Img2img）功能通过用户提供给 Stable Diffusion 一个参考图片，实现以用户提供的图片为参考＋提示词为内容自动生成图片的作用；简单理解图生图就是文生图的升级版，文生图全部使用 AI 用文字描述生成图片，图生图 AI 使用提示词＋参考图共同生成图片。

常见使用场景有：

①动漫转真人，如图 3-17 所示；真人转动漫，如图 3-18 所示。

69

图生图
Img2img

生成前　　生成后

图 3-17　图生图功能（动漫转真人）效果图

图生图
Img2img

生成前　　生成后

图 3-18　图生图功能（真人转动漫）效果图

②人物换装，如图 3-19 所示；人物换脸，如图 3-20 所示；人物换背景，如图 3-21 所示。

图 3-19　图生图功能（人物换装）效果图

图 3-20　图生图功能（人物换脸）效果图

图 3-21　图生图功能（人物换背景）效果图

③线稿转动漫，如图 3-22 所示。

图 3-22　图生图功能（线稿转动漫）效果图

④宠物转动漫，如图 3-23 所示。

图 3-23　图生图功能（宠物转动漫）效果图

3.2.2 实操逻辑

第 1 步：收集或绘制参考图

图生图的核心是有参考图才能生成图片，用户需要收集自己希望的参考图或者绘制参考图。

第 2 步：构思文字提示词

用户要通过文字提示词告诉 Stable Diffusion 期望展示或替换的画面内容。例如，一个穿着白色上衣、蓝色牛仔裤的 30 岁女人，在下午 6 点左右，来到了海滩边上看夕阳。

第 3 步：根据提示词选择并下载合适模型

例如上文提示词需要表现的是真实的女性，选择的模型就必须是写实类型的模型。

第 4 步：调整参数

例如需要生成多张，就调整生成图片的张数。

3.2.3 实操方法

1. 制作并上传参考图

用户可以结合不同的使用场景收集、绘制或生成不同的参考图，本次图生图以动漫变真人为例，用户可以使用"3.1 文生图"输出的图片作为本次图生图的参考图，通过图生图功能把这张动漫图片变成真人。

打开 Stable Diffusion 软件选择图生图选项卡，二级选项卡也选择图生图，拖曳图片上传，如图 3-24 所示。

图 3-24　Stable Diffusion **选择图生图，并上传参考图**

2. 构思提示词

打开 Stable Diffusion 软件选择图生图选项卡，在红色区域填写正向提示词，在绿色区域填写反向提示词，如图 3-25 所示。本次在章节"3.1 文生图"提示词的基础上加入了照片、写实、真实（真实细节的眼睛和皮肤）等有代表性的写实提示词，删除了"细节丰富的 CG"这句提示词避免生成的图片偏向动漫 CG 风格。

图 3-25　Stable Diffusion **填入提示词**

正向提示词英文：

masterpiece,best quality, photo, realistic, real, (real detailed eyes and skin),official art,sunlight, shiny, pov,detailed face, 1girl, cute,solo,looking at viewer,pink hanfu,face close up,village, ((snowing, snowflakes)), standing

正向提示词中文翻译:

杰作,最好的质量,照片,写实,真实,(真实细节的眼睛和皮肤),阳光,闪亮,第一人称视角,高清的脸,1个女孩,可爱,单人,面向观众,粉红色的汉服,脸部特写,村庄,[(下雪,雪花)],站姿

3. 选择并下载合适模型

①本次画面内容需要表现的是从二次元转化为写实风格,模型推荐使用Chilloutmix写实风格人物模型,如图3-26所示。

图3-26 下载模型

②将模型文件放在Stable Diffusion安装根目录/models/Stable-diffusion文件夹内,此次Stable Diffusion安装根目录是在E盘AI目录下,所以模型文件放在E:AI/models/Stable-diffusion下即可,如图3-27所示。

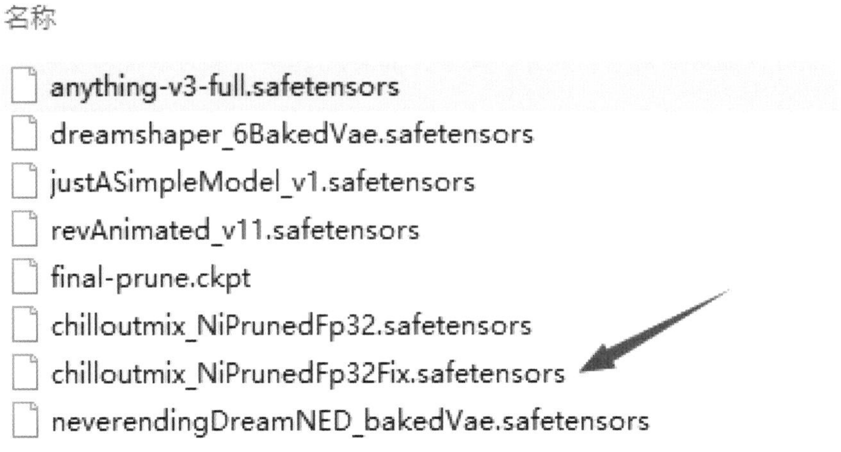

名称
anything-v3-full.safetensors
dreamshaper_6BakedVae.safetensors
justASimpleModel_v1.safetensors
revAnimated_v11.safetensors
final-prune.ckpt
chilloutmix_NiPrunedFp32.safetensors
chilloutmix_NiPrunedFp32Fix.safetensors
neverendingDreamNED_bakedVae.safetensors

图 3-27 保存模型

③打开 Stable Diffusion 软件，左上角选择 Chilloutmix 模型，如图 3-28 所示。

Stable Diffusion 模型(ckpt)
模型的 VAE (SD VAE)
Automatic
3Guofeng3_v33.safetensors [4078eb4174]
anidosmix_A.safetensors [eb49192009]
anything-v3-full.safetensors [abcaf14e5a]
blueberrymix_10.safetensors [f31db98b5d]
bwporcelaincd-000006.safetensors
chilloutmix_NiPrunedFp32.safetensors [95afa0d9ea]
✓ chilloutmix_NiPrunedFp32Fix.safetensors [fc2511737a]
ddosmix_V2.safetensors [53da46c440]
deliberate_v2.safetensors [9aba26abdf]
dosmix_.safetensors [9c59842129]
dreamshaper_6BakedVae.safetensors [b76cc78ad9]
final-prune.ckpt [89d59c3dde]
justASimpleModel_v1.safetensors
模型合并
训练
C站助手
unity 8k wallpaper,sunlight, shiny, pov,detailed face, 1girl,
exposure, watermark,text,bad anatomy,bad hand,extra hands
,extra nipples, detached arm, liquid hand,inverted hand,
ugly, huge eyes, text, logo, worst face, (blurry:2.0), horror,
rs and legs and arms:1.4), (deformed fingers:1.2), (long
pples

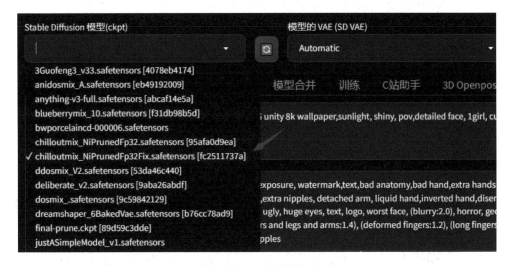

图 3-28 选择模型

4. 设置参数

按照表 3-2 中的参数设置完毕，如图 3-29 所示，点击右上角的橙色生成按钮，Stable Diffusion 会自动生成图片，如图 3-30 所示。

重绘幅度是这次图生图新增的参数，数值越大，AI 重新绘制图片的力度和参考图差距越大；数值越小，AI 重新绘制图片的力度和参考图差距越小。

表 3-2　图生图参数与参数设置对照表

参数名	参数设置	参数名	参数设置
采样迭代步数	24	每批数量	4
采样方法	DPM++2MKarras	提示词相关性	7
宽度 × 高度	512×768	随机种子	−1
重绘幅度	0.7		

图 3-29　参数设置界面

（a）原始图　　　　　　　　（b）生成图

图 3-30　原始图与生成参考图

5. 举一反三

思维拓展 1（真人变动漫）

首先选择 ChilloutMix 写实模型，使用下文真人提示词以及真人参数（见表 3-3）在文生图选项卡中生成真人图片；其次选择 AnythingV5 动漫模型，使用图生图选项卡上传真人参考图，使用动漫提示词以及动漫参数在图生图选项卡中生成动漫图片。

真人提示词

best quality,masterpiece,ultra high res,(photo realistic:1.4),looking at viewer,(long sleeve),(burger shop uniform),sun visor,restaurant counter,whole body,standing posture,japanese girl,smile,(ultra short hair),(masterpiece:1.3), (8k, photorealistic, RAW photo, best quality: 1.4), (1girl), beautiful face, (realistic face), (short hair),beautiful hairstyle,realistic black eyes,beautiful detailed eyes,(realistic skin),absurdres,attractive, ultra high res,ultra realistic,highly detailed,golden ratio

动漫提示词

best quality,masterpiece,ultra high res,looking at viewer,(1girl)

表 3-3 真人参数与动漫参数设置表

真人参数		动漫参数	
参数名	参数设置	参数名	参数设置
采样迭代步数	36	采样迭代步数	36
采样方法	DPM++ 2M Karras	采样方法	Euler a
宽度 × 高度	512×768	宽度 × 高度	512×768
每批数量	4	每批数量	4
提示词相关性	7	提示词相关性	7
随机种子	2168571720	随机种子	2168571717
		重绘幅度	0.6

思维拓展 2（线稿变动漫）

使用 AnythingV5 动漫模型，参考图上传线稿图，可以得到线稿变动漫图片的效果，如图 3-31 所示；用户可以结合本书编写的图生图实操方法自主尝试。

图 3-31 图生图功能（线稿变动漫）效果图

思维拓展 3（宠物变动漫）

使用 ReV Animated 动漫模型，参考图上传宠物照片，可以得到宠物变动漫图片的效果，如图 3-32 所示；用户可以结合本书编写的图生图实操方法自主尝试。

图生图
Img2img

生成前

生成后

图 3-32　图生图功能（宠物变动漫）效果图

3.3　解析图片

3.3.1　工具介绍

解析图片功能在 Stable Diffusion 界面中通常汉化为图片信息（PNG info），此功能可理解为通过用户提供给 Stable Diffusion 原始图片，Stable Diffusion 解析出原始图片所有信息，包括提示词、反向提示词、参数和模型。

解析图片信息的常用工具一共有三种，各有优缺点，本节会详细解释：

①图片信息（PNG info）功能如图 3-33 所示，红色部分是提示词，绿色部分是反向提示词，黄色部分是参数和模型。

图 3-33　图片信息功能

②图生图界面的反向提示词（Interrogate）功能，如图 3-34 所示。

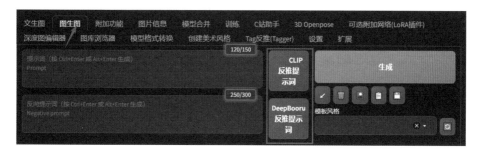

图 3-34　反向提示词功能

③ Tag 反推（Tagger）功能，如图 3-35 所示。

图 3-35　Tag 反推功能

3.3.2 实操逻辑

第1步：上传图片

上传需要解析图片信息的图片。

第2步：获得图片信息

通过获得的图片信息了解图片创作者的创作意图，为创作同类图片作

参考。

3.3.3 实操工具（图片信息）

本小节使用图片信息（PNG info）作为实操工具。

优点：1. 能识别提示词、反向提示词、参数和模型。

　　　2. 识别图片的提示词精准度最高。

缺点：识别图片范围有限，此功能仅针对 Stable Diffusion 生成的原图

实现解析图片详细信息的功能。例如真实拍摄的照片、其他 AI 绘画软件生

成的图片、Photoshop 合成的图片等其他种类的图片，此功能无法解析。

1. 上传图片

通过图片信息选项卡打开此功能，上传 Stable Diffusion 生成的原图即可，

如图 3-36 所示。

图 3-36　上传图片

2. 获得图片信息

图片信息选项卡右侧显示图片所有信息，包括提示词、参数（含模型）等。

正向提示词英文：

best quality,masterpiece,ultra high res,(photo realistic:1.4),looking at viewer,(long sleeve),(burger shop uniform),sun visor,restaurant counter,whole body,standing posture,japanese girl,smile,(ultra short hair),(masterpiece:1.3), (8k, photorealistic, RAW photo, best quality: 1.4), (1girl), beautiful face, (realistic face), (short hair),beautiful hairstyle,realistic black eyes,beautiful detailed eyes,(realistic skin),attractive, ultra high res,ultra realistic,highly detailed,golden ratio

正向提示词中文翻译：

最佳质量，杰作，超高分辨率，（照片逼真度：1.4），看着观看者，（长袖），（汉堡店制服），遮阳板，餐厅柜台，全身，站姿，日本女孩，微笑，（超短头发），（杰作：1.3），（8k，照片逼真度，RAW照片，最佳质量：1.4），美丽细致的眼睛，（逼真的皮肤），吸引人，超高分辨率，超逼真，高度细致，黄金比例

参数：

Steps: 36, Sampler: DPM++ SDE Karras, CFG scale: 7, seed: 2168571720, Size: 512×768, Model hash: fc2511737a, Model: chilloutmix_NiPrunedFp32Fix, Version: v1.3.2

3.3.4 实操工具（反推提示词）

1. 上传图片

本小节使用图生图中的反推提示词（Interrogate）作为实操工具，分为 CLIP 和 DeepBooru 两种形式。

优点：适用所有图片。

缺点：仅能识别提示词，无法识别反向提示词、参数和模型。

提醒：第 1 次使用反推提示词功能需要下载文件，请耐心等待，后续再次使用反推提示词无须再下载文件。

·CLIP，擅长推理照片等写实风格的图片，反推生成的提示词形式为完整的自然语言。例如：A girl with long hair wore a pink dress。

·DeepBooru，擅长推理二次元等动漫风格的，反推生成的提示词形式为分段的单词或短语。例如：1girl，long hair，a pink dress。

打开图生图选项卡，提示词的右侧可以看到反推提示词的功能，如图 3-37 所示。

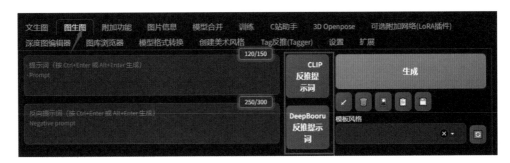

图 3-37　反推提示词功能

2. 获得图片信息

操作步骤

①选择图生图上传参考图，点击 CLIP 反推提示词（适合写实图片），如图 3-38 所示。

②如果是写实图片点击 CLIP 反推提示词后，自动出现自然语言长句为主的提示词，无反向提示词、参数和模型，如图 3-39 所示。CLIP 自动识别出的单个单词（Du Qiong, phuoc quan, a statue, superflat）一般是词不达意的，建议删除。

③如果是动漫图片点击 DeepBooru 反推提示词，如图 3-40 所示。自动出现单词和短语形式的提示词，无反向提示词、参数和模型。

图 3-38 CLIP 反推提示词

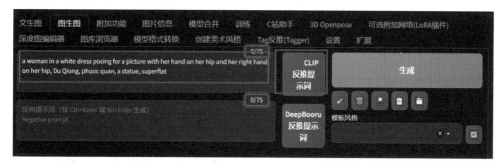

图 3-39 CLIP 反推提示词信息界面

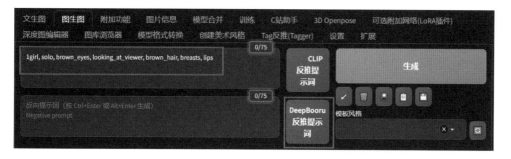

图 3-40 DeepBooru 反推提示词

3.3.5 实操工具（Tagger）

1. 上传图片

本小节使用 Tag 反推（Tagger）插件作为实操工具，在秋葉 aaaki 制作的整合安装包已内置此插件。

优点：适用所有图片；识别提示词的精准度较高，除图片信息工具之外的第二精准度；识别提示词速度较快。

缺点：仅能识别提示词，无法识别反向提示词，参数和模型；反推模型会占用大量显存，使用完毕切记点击"卸载显存中所有反推模型"按钮。

通过 Tag 反推（Tagger）选项卡打开此功能，如图 3-41 所示。

图 3-41　Tag 反推提示词

2. 获得图片信息
操作步骤

选择反推算法（wd14-vit2-v2-git，此算法准确度高，速度快），来源上传图片，标签（Tags）会自动解析提示词，可以点击文生图或图生图按钮，发送相关提示词到对应选项卡，使用完毕切记点击"卸载显存中所有反推模型"按钮。

86

3.4 放大图片

3.4.1 工具介绍

放大图片功能在 Stable Diffusion 界面中通常汉化为附加功能（Extras），
通过用户提供给 Stable Diffusion 一个原始图片，实现放大图片并适当提高清晰
度的作用，如图 3-42 所示。

图 3-42 放大图片

放大图片的常用工具一共有三种：

①附加功能（Extras），如图 3-43 所示。

图 3-43 放大图片功能（附加功能）

87

②文生图中的高清修复（Hires.fix）功能，如图 3-44 所示。

图 3-44　放大图片功能（高清修复）

③图生图中的使用 SD 放大（SDscale）脚本功能，如图 3-45 所示。

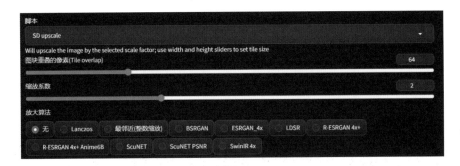

图 3-45　放大图片功能（SD 放大）

3.4.2　实操逻辑

第 1 步：上传原始图片

有原始图片才能放大图片，原始图片可以是由文生图生成的，也可以是照片等素材。首先上传原始图片。

第 2 步：调整参数

调整放大算法和参数放大不同内容的图片。

3.4.3　实操工具（附加功能）

本小节使用附加功能（Extras）作为实操工具。

优点：1. 放大倍数最高可到 8 倍。

　　　2. 可使用两种不同算法叠加使用。

　　　3. 可使用 GFPGAN 或 CodeFormer 两种不同算法实现面部
　　　　 修复。

　　　4. 使用过程中仅生成高分辨率图片，只需自行上传低分辨率图
　　　　 片即可，放大速度较快。

缺点：1. 缺少高清修复的潜变量的六种放大算法。

　　　2. 缺少高清修复的重绘幅度（Denoising）参数。

1. 上传原始图片

①打开 Stable Diffusion 软件选择附加功能选项卡，选择单张图像进行拖曳
图片上传，如图 3-46 所示。

图 3-46　上传原始图片

②如果有多张要批量处理，点击批量处理操作界面可以一次性选择多张图片，如图 3-47 所示；如果是以整个文件夹处理图片放大，可以选择从目录进行批量处理，设置输入目录和输出目录。

图 3-47　批量处理图片

2. 设置参数

附加功能中常用参数：

放大算法 1（Upscaler 1）和放大算法 2（Upscaler 2）：写实类推荐 R-ESRGAN 4x+；动漫类推荐 R-ESRGAN 4x+ Anime6B；补充脸部细节推荐 SwinIR_4x。

解析：放大图片的算法，可使用 Upscaler1 和 Upscaler2 互相配合。

放大算法 2（Upscaler2）可见度：推荐 0.3。

解析：设置放大算法 2 的权重。2 种放大算法权重总值为 1，设置 0.3 代表放大算法 2 权重 30%，放大算法 1 权重 70%。

面部修复有两种不同算法：GFPGAN 和 CodeFormer。

GFPGAN 可见度：推荐数值 0.3 左右，根据放大图片细节再做调整。

CodeFormer 可见度：推荐数值 0.3 左右，根据放大图片细节再做调整。

CodeFormer 权重：为 0 时效果最大，为 1 时效果最小，例如设置为 0.5，GFPGAN 和 CodeFormer 算法会各占一半权重做面部修复。

按照表 3-4 中的参数设置完毕，如图 3-48 所示，点击橙色的生成按钮，Stable Diffusion 会自动放大图片。

表 3-4　参数名与参数设置

参数名	参数设置	参数名	参数设置
放大算法 1	R-ESRGAN 4x+	GFPGAN 可见度	0.3
放大算法 2	SwinIR_4x	CodeFormer 可见度	0.3
放大算法 2 可见度	0.3	CodeFormer 权重	0.5

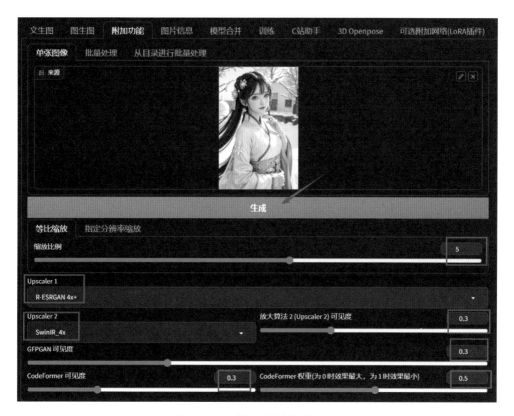

图 3-48　放大图片参数设置

3.4.4　实操工具（高清修复）

本小节使用高清修复（Hires. fix）作为实操工具。

优点：1. 拥有独有的潜变量的六种放大算法。

　　　2. 可单独设置高清修复采样次数。例如采样迭代步数（Steps）

　　　　30，高清修复采样次数设置 25，图片生成的总步数为 55 步。

91

3. 此功能原理为：先通过文生图，在内部生成低分辨率图片，再使用放大算法和重绘幅度（Denoising）参数，可以借助重绘幅度这个图生图的特有功能适当重绘画面的内容，生成高分辨率图片。相对来说生成图片效果要比附加功能效果好，但是对显存要求比较高。

缺点：1. 放大倍数最高到 4 倍。

   2. 无法使用两种不同放大算法叠加使用。

   3. 高清修复切记别和面部修复一起开启，运算非常慢还容易出错。

   4. 无法批量处理图片或批量处理文件夹的图片。

1. 构思并填写提示词

打开 Stable Diffusion 软件，选择文生图选项卡，在红色区域填写正向提示词，在绿色区域填写反向提示词，如图 3-49 所示。

图 3-49　填入提示词

正向提示词英文：

masterpiece, depth of field, soft lighting, masterpiece, best quality, intricate, (lens flare:0.7), (bloom:0.7), particle effects, raytracing, tone mapped, highly detailed,a 16yo girl, <lora:NewChineseStyleSuit_v01:0.8>,light green dress,flower around,floating petal,light smile, <lora:Dream:0.4> <lora:add_detail:1>

正向提示词中文翻译：

杰作，景深，柔和的灯光，杰作，最佳质量，复杂，（镜头光斑：0.7），（绽放：0.7）粒子效果，光线追踪，色调映射，高度详细，一个 16 岁的女孩，<lora:NewChineseStyleSuite_v01:0.8>，浅绿色连衣裙，周围的花，漂浮的花瓣，淡淡的微笑，<lora:Dream:0.4><lora:add_detail:1>

三个尖括号中间的提示词为添加 LoRA 模型和权重，后面"添加 LoRA 模型"中会详细解释。

2. 选择并下载合适的模型

①本次画面内容需要表现的是二次元 + 中国风的女性，选择的模型就必须是拥有二次元 + 中国风特性的模型，推荐使用国风 3 模型，如图 3-50 所示。

图 3-50　下载模型（国风 3）

②将模型文件放在 Stable Diffusion 安装根目录 /models/Stable-diffusion 文件夹内，此次 Stable Diffusion 安装根目录是在 E 盘 AI 目录下，所以模型文件放在 E:AI/models/Stable-diffusion 下即可，如图 3-51 所示。

③打开 Stable Diffusion 软件，左上角选择国风 3 的模型，如图 3-52 所示。

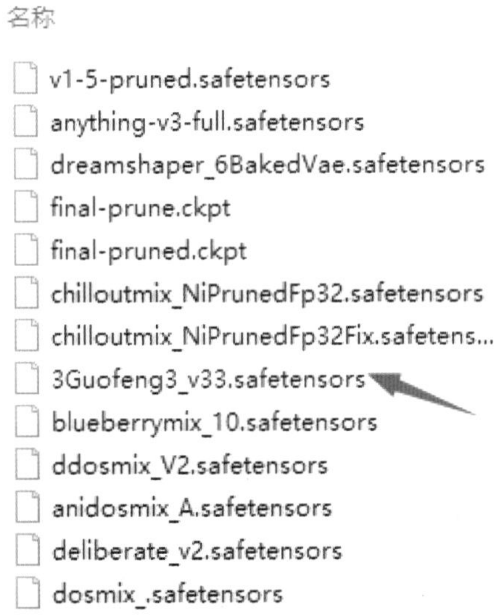

名称

v1-5-pruned.safetensors

anything-v3-full.safetensors

dreamshaper_6BakedVae.safetensors

final-prune.ckpt

final-pruned.ckpt

chilloutmix_NiPrunedFp32.safetensors

chilloutmix_NiPrunedFp32Fix.safetens...

3Guofeng3_v33.safetensors

blueberrymix_10.safetensors

ddosmix_V2.safetensors

anidosmix_A.safetensors

deliberate_v2.safetensors

dosmix_.safetensors

图 3-51　选择模型

图 3-52　保存模型（国风 3）

3. 添加 LoRA 模型

LoRA 模型使用范围很广，一般用来生成特定的人物、物体或起特定作用。例如特定人物（Dream 特定人物）、特定服饰（中国服饰）、特定作用（添加细节）。

①分别下载特定人物（Dream 特定人物）LoRA 模型，如图 3-53 所示；特定服饰（中国服饰）LoRA 模型，如图 3-54 所示；特定作用（添加细节）LoRA 模型，如图 3-55 所示。

Dream 特定人物（基于国风 3）LoRA 模型。

94

图 3-53　下载特定人物 LoRA 模型

特定服饰（新中式服饰）LoRA 模型。

图 3-54　下载特定服饰 LoRA 模型

95

特定作用（细节调整）LoRA 模型。

图 3-55　下载特定作用 LoRA 模型

②将模型文件放在 Stable Diffusion 安装根目录 /models/lora 文件夹内，此次 Stable Diffusion 安装根目录是在 E 盘 AI 目录下，所以模型文件放在 E:AI/models/lora 下即可。

两个小技巧：lora 文件夹下是支持中文子文件夹的，可以分类放置不同种类的 LoRA 模型；可以放 1 个和 LoRA 模型名称一样的 JPG 图片，用于模型预览。这 2 个方法也适用于大模型。

③打开 Stable Diffusion 软件，点击生成按钮下方的第三个按钮（显示 / 隐藏扩展模型），点击中间的 lora 选项卡，如图 3-56 所示，如果用户没有显示下载的 LoRA 模型，点击右侧刷新按钮，现在点击红色框标注的三个模型。

图 3-56　选择 LoRA 模型

④提示词中会自动出现 lora 的相关提示词，如图 3-57 所示，默认是添加在提示词最后，<lora:add_detail:1>，<lora:Dream:1>，<lora:NewChinese StyleSuite_v01:1>。

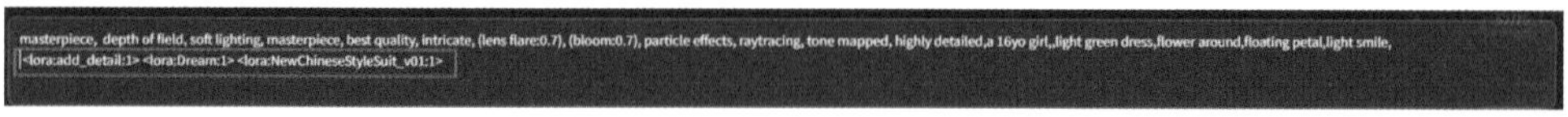

图 3-57　设置 LoRA 模型

这三段就是控制 LoRA 模型的提示词，首先 LoRA 单词后面的英文是 LoRA 模型的名称；其次 1 代表 LoRA 模型的权重，可理解为这个 LoRA 模型发挥了 10 成的功力，用户需要根据自己的需求调整模型权重；最后要调整这个 LoRA 提示词的顺序，优先级高的提示词放在前面，如图 3-58 所示。

图 3-58　设置 LoRA 模型权重

⑤添加 LoRA 模型完毕，再次点击生成按钮的下方的第三个按钮（显示／隐藏扩展模型），即可隐藏扩展模型，如图 3-59 所示。

图 3-59　隐藏扩展模型

高清修复功能中常用参数：

图片放大算法：写实类推荐 R-ESRGAN 4x+；动漫类推荐 R-ESRGAN 4x+ Anime6B；补充脸部细节推荐 SwinIR_4x。

高清修复采样次数：对图片使用放大算法的生成图片的计算步数。

重绘幅度：等同于图生图的重绘幅度参数，数值越大，AI 重新绘制图片的力度越大和参考图差距越大；数值越小，AI 重新绘制图片的力度越小和参考图差距越小。

在此对比了不同的放大算法作为参考，如图 3-60 所示。肉眼观察对比并不明显，需要放大仔细观察。其中 ScuNET 和 ScuNET PSNR 两个算法对动漫图片并不友好。

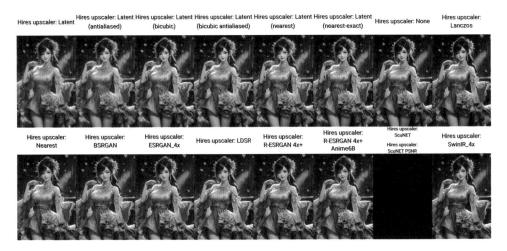

图 3-60 不同放大算法对比

按照表 3-5、表 3-6 中的参数设置完毕，如图 3-61 所示，点击右上角的橙色生成按钮，Stable Diffusion 会自动生成图片。

表 3-5　参数设置表

图片参数	
参数名	参数设置
采样迭代步数	30
采样方法	Euler
宽度 × 高度	512×768
每批数量	1
提示词相关性	7
随机种子	381825152

表 3-6　高清修复参数设置表

修复参数	
参数名	参数设置
高清修复	勾选
放大算法	R-ESRGAN 4x+
高清修复采样次数	12
放大倍率	2
重绘幅度	0.4

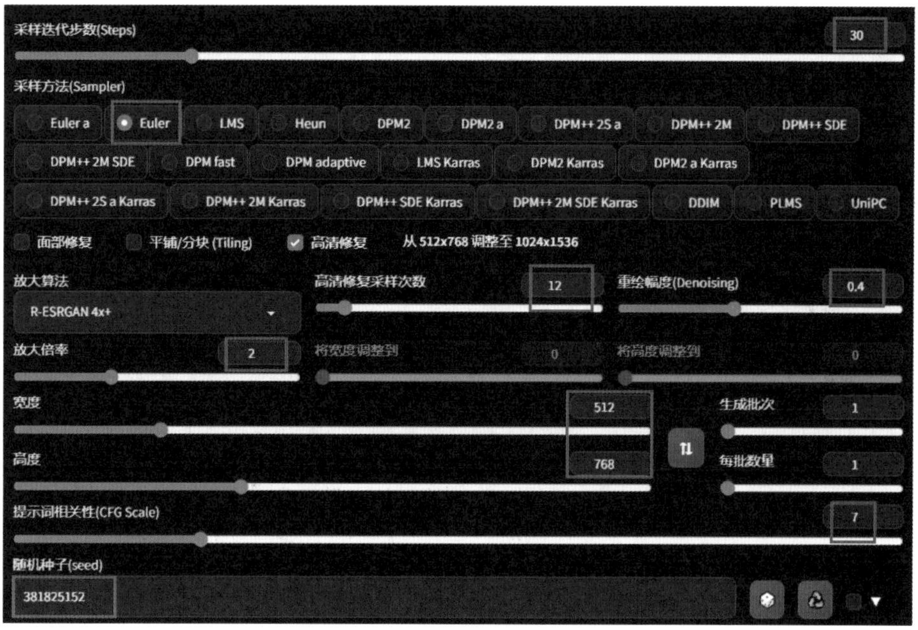

图 3-61　高清修复参数设置

3.4.5 实操工具（SD 放大）

本小节使用图生图中的"使用 SD 放大"（SD upscale）脚本功能作为实操工具。

优点：1. 可结合图生图的重绘幅度（Denoising）参数对画面放大的同时做适当重绘。

2. 将整个图片自动分隔成多个区域重绘放大，再用自动拼接的放大方法，可以实现较高分辨率。

缺点：1. 放大倍数最高可到 4 倍。

2. 缺少高清修复的潜变量的 6 种放大算法。

1. 上传原始图片

用前面生成的图片，点击图片下方的图生图按钮，如图 3-62 所示，提示词、参数、参考图一并会发送到图生图界面，避免再次输入提示词、参数以及上传原始图片。

图 3-62　生成图片发送图生图

图生图界面会显示原始图片的所有提示词，如图 3-63 所示。

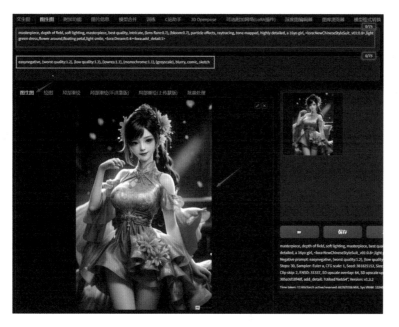

图 3-63　图生图界面

2. 设置参数

SD 放大中常用参数设置：

图块重叠的像素：推荐 64

解析：SD 放大是将整个图片自动分隔成多个区域重绘放大，再自动拼接的放大方法。自动拼接的过程中肯定需要有一些重叠的区域，否则拼接的过渡会非常不自然，这个就是设置重叠像素的大小。

宽度高度：推荐原始图片尺寸 512×768 像素不变

解析：根据缩放系数自动生成符合尺寸的放大图片。例如缩放系数是 2，生成图片尺寸 1024×1536 像素；缩放系数是 4，生成图片尺寸 2048×3072 像素；

重绘幅度：保持和原图内容不变，建议设置为 0，需要部分重绘，建议设置需要值。

Stable Diffusion 软件选择图生图选项卡，滑动到界面最底部的脚本区域，选择"使用 SD 放大"（SD upscale）脚本，如图 3-64 所示。

图 3-64　使用 SD 放大（SD upscale）脚本

按照表 3-7 中的参数设置完毕，如图 3-65、图 3-66 所示，点击橙色的生成按钮，Stable Diffusion 会自动放大图片。

表 3-7　参数设置表

参数名	参数设置
宽度 × 高度	512×768
重绘幅度	0
图块重叠的像素	64
缩放系数	2
放大算法	R-ESRGAN 4x+

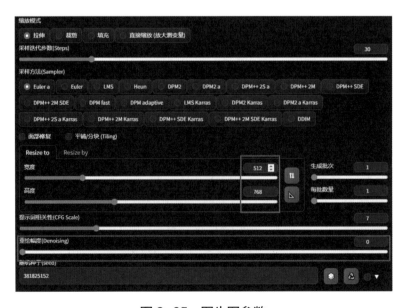

图 3-65　图生图参数

102

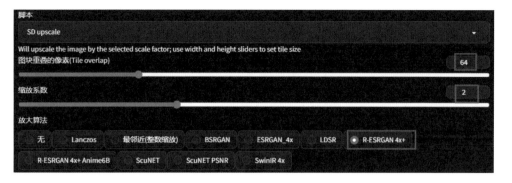

图 3-66　SD 放大参数

第二部分

精通篇

第 4 章
Stable Diffusion 提示词魔法

4.1 提示词简介

概念

AI 绘画软件中的提示词，是一种用于指导 AI 绘画软件生成特定内容图像的文本。提示词是由一组关键字或短语组成，这些关键字或短语告诉 Stable Diffusion 要生成画面的主体类型、画面主题、画面风格等。可以说，提示词就是告诉 Stable Diffusion 用户期望展示的画面内容。

作用

提示词在 AI 绘画软件中起到指导模型生成特定内容图像的作用。通过使用提示词控制图像的风格、主题、颜色、灯光等各个方面，从而生成用户所需的图像。提示词的撰写和调整对于生成高质量的图像非常重要，在使用 AI 绘画软件时，提示词的构思和撰写需要一定的专业知识，以确保生成的图像符合要求。

举例

如果用户想生成一张描绘自然风景的图像，提示词可以包括关键字和短语，如"mountain""forest""river""sunset"等，这些关键字和短语可以告诉 Stable Diffusion 要生成的图像风格是风景类。

如果用户想要一张抽象的艺术风格图像，Prompt 可以包括关键字和短语，如"abstract""colorful""surreal""geometric"等，这些关键字和短语可以告诉 Stable Diffusion 要生成的图像风格是艺术类。

4.2 提示词种类

4.2.1 提示词功能分类

从功能分类角度分为提示词和反向提示词两种

提示词：想让 AI 在图片上展示的描述性文字，可以是单词也可以是句子，中间用英文逗号隔开，注意必须用英文描述。

反向提示词：不想让 AI 在图片上展示的描述性文字，可以是单词也可以是句子，中间用英文逗号隔开，注意必须用英文描述。

作用

通过配合使用提示词和反向提示词，用户可以更好地控制所生成图像的特征和质量，从而达到更好的生成效果。在构思提示词和反向提示词时，需要根据所需图像的具体要求进行组合和调整，以获得最佳结果。

举例

提示词和反向提示词是相互对应的。提示词是用于指导 Stable Diffusion 生成特定类型的图像的文本输入，而反向提示词则是用于指导 Stable Diffusion 避免生成不需要的图像或特征的文本输入。

例如，如果用户想要生成一张描绘美丽自然景色的图像，提示词可以包括以下关键字和短语"mountain""forest""river""sunset"等，这些关键字和短语可以告诉模型 Stable Diffusion 生成的图像类型和主题是风景类型。反向提示词可以告诉 Stable Diffusion 避免生成不需要的特征，例如"road""building""city"等。这些反向提示词可以防止 Stable Diffusion 生成与所需图像不相符的特征，例如在一个自然风景的图像中出现城市或建筑物。

填写位置

在 Stable Diffusion 文生图或者图生图的界面中填写提示词和反向提示词，如图 4-1 所示。

图 4-1　提示词填写位置

4.2.2　提示词性质分类

必须出现

英文单词 / 短语或英文长句。用户可根据个人爱好自由选择一种或混合两种使用，个人建议使用英文单词 / 短语易于理解。

英文单词 / 短语。使用常见英文单词或者短语，通过很多单词性质的提示词告诉 Stable Diffusion 画面中需要展示什么内容，不需要展示什么内容。

英文长句。使用英文长句或一段描述性文字，通过很多长句性质的提示词告诉 Stable Diffusion 画面中需要展示什么内容，不需要展示什么内容。

英文标点符号。使用标点符号中的英文逗号来起到分隔提示词的作用。逗号前后的少量英文空格并不影响实际效果，逗号前后的大量空格会影响 Stable Diffusion 的理解，建议空格控制在 2 个之内；开头和结尾的多余英文空格会被直接丢弃；英文单词与单词之间多余空格也会被直接丢弃。

非必须出现

Emoji 表情符号。可使用表情符号 Emoji 并且表现相对准确，因为表情符号只有一个字符在语义准确度上表现良好。

颜文字。可使用颜文字在一定程度上控制人物出图的表情。例如：:-) 微笑，:-（不开心，:-D 开心，;－）使眼色，:-P 吐舌头，：-C 悲伤，:-O 惊讶，:-/ 怀疑；仅支持英文颜文字。例如东方颜文字（>_<）不开心，^_^ 微笑，(￣一￣) 不屑等，这类东方颜文字 Stable Diffusion 是无法支持的。

4.2.3　提示词内容分类

提示词可由多种不同内容分类的提示词组成，以下是一些常见提示词内容分类

①主体提示词：

这些提示词描述了所需图像的主体内容，可理解为 who（画面出现什么）。例如：人物、宠物、机器人、风景、美食和建筑物等。

②环境提示词：

这些提示词描述了所需图像的环境或场景，可理解为 where（画面出现在什么场景）。例如：城市、郊外、室内、办公室、地铁内等。

③时间提示词：

这些提示词描述了所需图像所处时间或时代，可理解为 when（画面出现在什么时候）。例如：白天、夜晚、夕阳、文艺复兴时期、仰韶文化时期等。

④动作提示词：

这些提示词描述了图像主体执行了什么动作，可理解为 what（画面中主体做了什么）。例如：回头、坐沙发、招手、举手、拥抱、躺下等。

⑤情绪提示词：

这些提示词描述了图像主体的情绪或者情感状态关键词。例如：开心、

109

愤怒、惊喜、舒服、幸福、恬静等。

⑥类型提示词：

这些提示词描述了所需图像的类型。例如：图库照片、产品照片、UI设计、网页设计、建筑设计、LOGO 设计等。

⑦特征提示词：

这些提示词描述了所需图像的特定特征或对象的细节属性。例如：高楼大厦、运动员、女巫、怪物、天使等。

⑧光线提示词：

这些提示词描述了所需图像的所处环境的灯光。例如：自然光、顺光、逆光、黎明光线、黄昏光线、影棚专业灯光、柔和照明等。

⑨摄影提示词：

这些提示词描述了所需图像的构图或视角，以及使用什么相机或镜头。例如：对角线构图、对称构图、三分构图、第一人称视角、俯视、仰视、微距、广角、远景、近景、特写、运动相机视角、无人机视角等。

⑩材质提示词：

这些提示词描述了所需图像的材质或质地。例如：木头、金属、玻璃、纸张等。

⑪风格提示词：

这些提示词描述了所需图像的整体风格。例如：抽象、写实、温馨、卡通、动漫、中国风、巴洛克风格、极简主义等。

⑫艺术家提示词：

这些提示词描述所需图像借鉴的艺术家、摄影师、插画家、建筑师风格或绘画手法。例如：梵高、伦勃朗、张大千、齐白石等。

⑬色彩提示词：

这些提示词描述了所需图像的色彩或色调。例如：蓝色、暖色调、冷色调、黑白色、暗黑色调、五彩缤纷等。

⑭画质提示词:

这些提示词提供了优秀画质的修饰词。例如:杰作、大师作品、官方艺术、最佳质量、极其细致的 CG 效果、8k 壁纸、超多细节、照片质感等。

⑮特殊提示词:

这些提示词一般赋予特殊用途,一般是特殊模型的调用。例如:调用 LoRA 模型的提示词 <lora: 模型 : 权重 >;调用 LyCORIS 模型的提示词 <lyco: 模型 : 权重 >;调用超网络模型的提示词 <hypernet: 模型 : 权重 >;调用文本转化模型触发词"触发词"。调用文本通配符的触发词"_____ 触发词 _____"。

这些不同内容分类的提示词类型可以根据所需图像的具体要求进行组合和调整。在使用 Stable Diffusion 生成图像时,选择合适的提示词内容以及组合顺序对于生成高质量的图像非常重要。

4.3 提示词结构

4.3.1 提示词结构公式

提示词 = 主题 + 细节 + 修饰

首先从画面主题构思提示词,可从以下 5 大类内容入手。

①主体提示词:这些提示词描述了所需图像的主体内容,可理解为 who(画面出现什么)。

②环境提示词:这些提示词描述了所需图像的环境或场景,可理解为 where(画面出现在什么场景)。

③时间提示词:这些提示词描述了所需图像所处时间或时代,可理解为 when(画面出现在什么时间)。

111

④动作提示词：这些提示词描述了图像主体执行了什么动作，可理解为 what（画面中主体做了什么）。

⑤情绪提示词：这些提示词描述了图像主体的情绪或者情感状态。

其次从画面细节构思提示词，可从以下 5 大类内容入手。

①类型提示词：这些提示词描述了所需图像的类型。

②特征提示词：这些提示词描述了所需图像的特定特征或对象的细节属性。

③光线提示词：这些提示词描述了所需图像所处环境的光线。

④摄影提示词：这些提示词描述了所需图像的构图或视角，以及使用什么相机或镜头。

⑤材质提示词：这些提示词描述了所需图像的材质或质地。

最后从画面修饰构思提示词，可从以下 5 大类内容入手。

①风格提示词：这些提示词描述了所需图像的整体风格。

②艺术家提示词：这些提示词描述所需图像借鉴的艺术家、摄影师、插画家、建筑师风格或绘画手法。

③色彩提示词：这些提示词描述了所需图像的色彩或色调。

④画质提示词：这些提示词提供了优秀画质的修饰词。

⑤特殊提示词：这些提示词一般赋予特殊用途，一般是特殊模型的调用。

4.3.2 提示词构思表格

按照提示词 = 主题 + 细节 + 修饰的结构，在此制作了一个提示词构思表格，如表 4-1 所示，用户可使用此表格构思和撰写提示词。提示词的顺序按照画面需要表达的内容可做调整。

表 4-1　提示词构思表格

大类	小类	英文提示词	中文解释
主题	主体	a family of three Asian people	一个亚洲的三口之家
	环境	living room background	客厅背景
	时间	9p.m.	晚上 9 点
	动作	sitting on a sofa	坐在沙发上
	情绪	happy	高兴
细节	类型	stock photo	图库图片
	特征	mother is wearing a white dress, father is wearing a baby blue shirt and rest pants, and baby is wearing a T-shirt and jeans shorts printed with panda patterns	妈妈穿白色连衣裙，爸爸穿浅蓝色衬衣和休息裤，宝宝穿着印有熊猫图案的 T 恤和牛仔短裤
	灯光	soft lights	柔和灯光
	视角	diagonal composition, wide-angle view, taken with Canon	对角线构图，广角镜头，佳能拍摄
	材质	/	/
修饰	风格	realistic	写实
	艺术家	/	/
	色彩	warm-toned	暖色调
	画质	masterworks	杰作
	特殊	/	/

4.4　提示词技巧

技巧 1：精准和详细地描述

使用提示词最重要的原则是精准详细地描述画面，帮助 Stable Diffusion 理解用户想表达的画面内容。用户要尽量精准且详细地构思和想象生成画面的细节，以便复制为文字提示词。

精准：组成提示词的英文单词尽量精准，例如 big（大）这个词，到底指多大？对 Stable Diffusion 来说使用 gigantic（巨大的）比用 big（大）更明确。例如 girls（女孩们）这个词是个复数，到底是多少个女孩？对 Stable Diffusion

来说，2 girls（2 个女孩）比 girls（女孩们）更明确。

详细：组成提示词的英文单词应尽量详细，例如希望画面以风景为主，提示词仅仅为"风景"，模型并不知道用户想要的风景是什么样的，会随机生成出来一幅风景。

例如用户想象的是日出时海边的风景，提示词为"日出时，阳光落在云层上，在海边，风景照片"，如图 4-2 所示。

图 4-2　提示词效果图（海边风景）

例如想给风景增加更多细节，提示词为"日出时，阳光落在云层上，在海边，有一个女孩漫步在沙滩，画面右侧有很多椰树"，如图 4-3 所示。

图 4-3　提示词效果图（海边风景和更多细节）

例如想给风景增加更多风格，提示词为"日出时，阳光落在云层上，在海边，有一个女孩漫步在沙滩，画面左侧有很多椰树，漫画，冷色调"，如图 4-4 所示。

图 4-4　提示词效果图（海边风景不同风格）

技巧 2：提示词顺序

提示词单词的前后顺序可视为优先级，顺序在前面的提示词优先确定画面的主题和内容，组成提示词的单词顺序调换会导致画面内容发生本质的变化。例如希望画面是"熊猫骑着有花的自行车在城市中"，提示词顺序为"熊猫（panda），自行车（bicycle），鲜花（flowers），城市（city）"，如图 4-5 所示。

图 4-5　提示词顺序效果图

如果希望画面是"熊猫骑着自行车，在有花的城市中"，提示词顺序可调整为"熊猫（panda），自行车（bicycle），城市（city），鲜花（flowers）"，如图4-6所示。

图4-6　提示词顺序效果图

例如希望画面是"自行车装着鲜花在城市中，可能旁边出现熊猫"，提示词顺序调整为"自行车（bicycle），鲜花（flower），城市（city），熊猫（panda）"，如图4-7所示。

图4-7　提示词顺序效果图

技巧3：提示词建议

①**单词建议小写**。提示词建议用小写以方便用户撰写和阅读，不过如果单词大写也会被 Stable Diffusion 内部自动全部识别为小写，并不会对提示词的含义造成错误解析。

②**单词勿拼写错误**。提示词的单词拼写错误会变成完全不同含义的单词，请尽量避免提示词的单词拼写错误。安装包默认集成了提示词自动补全插件，可以有效帮助用户补全提示词或提醒提示词可能的正确拼写。例如提示词想表达银行（bank）写错成长凳（benk），画面内容就会截然不同。

③**精准选择同义词**。提示词中含有同义词可能会被解析为不同的含义，会适当改变画面内容。例如 animal, reptile, beast, insect, creature, brute, cattle 这些同义词均含"动物"之意，但是分别指代不同类型的动物。

④**谨慎添加中文拼音、日文和特殊符号**。提示词中英文是最为有效的，虽然可以添加中文拼音、日文和特殊符号等，但是并不建议采用，因为容易导致 Stable Diffusion 无法解析正确含义。例如用户想表达功夫的画面内容，要使用 kung fu 这个英文单词而不是添加 gong fu 这个汉语拼音。图 4-8 的提示词为 kung fu，画面准确表达功夫的含义，图 4-9 的提示词为 gong fu，画面没有正确表达功夫的含义。

图 4-8　提示词为 kung fu

图 4-9　提示词为 gong fu

⑤语法建议

下面提供一些语法建议以便提示词更容易被 Stable Diffusion 解析。

使用形容词 + 名词的词序来替换介词短语。

· 头发在风中飘动（hair flowing in the wind）改为飘逸长发（flowing hair）

· 胡萝卜做鼻子（a carrot for a nose）改为胡萝卜鼻子（carrot nose）

· 眼睛是晚霞的颜色（eyes the color of sunset）改为晚霞色的眼睛（sunset eyes）

使用非常具体的动词来替换介词短语。

· 一个拿着手电筒的女孩（a girl with a flashlight）改为一个使用手电筒的女孩（a girl using a flashlight）

· 一个拿着蛋糕的女孩（a girl with some cake）改为一个吃蛋糕的女孩（a girl eating cake）

· 一个脸上带着灿烂笑容的女孩（a girl with a big smile on her face）改为一个微笑女孩（a smiling girl）

· 一个感到悲伤的女孩（a girl feeling sad）改为一个悲伤女孩（a grieving girl）

技巧 4：提示词冲突

注意以下三种可能的提示词冲突，会导致部分提示词失效或者画面不是用户期望的内容。

内容冲突

如果画面内容构思是贴纸标签（sticker）的话，用户写上照片质感 photorealistic（真实感），realistic（写实）这类提示词是无法生效的，如图 4-10 所示。类似还有像素画作品，用户写上照片质感（photo

texture）、最好画质（best quality）这类提示词是无法生效的，如图
4-11 所示。

图 4-10　贴纸标签提示词

图 4-11　像素画提示词

风格冲突

　　如果画面内容构思是儿童在沙滩玩耍的扁平化风格（flat design）的
插画作品，如图 4-12 所示。添加提示词文森特·梵高（Vincent Van
Gogh）就不是一个好主意，如图 4-13 所示。因为这个提示词有自己独有
的艺术家风格，会很严重地影响画面生成的结果。除非用户是想融合这两
种风格，但是梵高的风格会非常明显，基本看不出扁平化风格。

　　如果用户想生成星空（starry sky）的动漫图片，如图 4-14 所示，出
现真实照片的星空概率要比出现动漫星空的概率高得多，解决办法是使用
动漫风格模型且动漫风格的单词放在提示词最前面，如图 4-15 所示。

图 4-12 扁平化风格提示词

图 4-13 文森特·梵高提示词

图 4-14 星空提示词

图 4-15 星空提示词使用动漫模型

次元冲突

使用写实三次元的模型和相关提示词是无法准确实现动漫二次元的画面内容，不要跨次元使用模型和提示词。写实风格用写实风格的模型和相关提示词，如图 4-16 所示；动漫风格用动漫风格的模型和相关提示词，如图 4-17 所示；卡通风格用卡通风格的模型和相关提示词，如图 4-18 所示；中国风选择使用国风模型和相关提示词，如图 4-19 所示；漫画风格用漫画风格的模型和相关提示词；手绘风格用手绘风格的模型和相关提示词。

图 4-16　写实风格模型

图 4-17　动漫风格模型

图 4-18　卡通风格模型

图 4-19　中国风模型

4.5　提示词实操

4.5.1　实操逻辑

第 1 步：打开提示词构思表格撰写提示词

熟悉并理解提示词结构公式，构思提示词表格中的三大部分：主题、细节、修饰，通过提示词告诉 Stable Diffusion 用户期望展示的完整画面内容。

第 2 步：选择并下载合适模型

例如上文提示词需要表现的是真实的女性，选择的模型就必须是写实类型的模型。

第 3 步：调整参数

例如需要生成多张，就调整生成图片张数。

4.5.2 实操方法

1. 理解 + 构思提示词。打开下面的提示词构思表格，用户按照自己希望展示的画面内容，分主题、细节，修饰三大方向去填写表格中 15 个单元格的内容，如果某一个小的单元格没有内容留空即可。以图 4-20 为例，填写提示词构思表格，如表 4-2 所示。

表 4-2　提示词构思表格

大类	小类	英文提示词	中文解释
主题	主体	42 age man	42 岁男子
	环境	coastline, overcast weather, wind, waves	海岸线，阴天，风，有波浪
	时间	sunset	夕阳
	动作	stand	站立
	情绪	happy	开心
细节	类型	photo	照片
	特征	black clothes, bald, face, half body, high detailed skin, skin pores	穿黑色衣服，光头，脸部特写，半身照，高细节皮肤，皮肤毛孔
	灯光	soft lighting	柔和的灯光
	摄影	dslr, Fujifilm XT3	数码单反相机，富士 XT3 相机拍摄
	材质	/	/
修饰	风格	film grain	胶片颗粒感
	艺术家	/	/
	色彩	/	/
	画质	8k uhd, high quality	8k 超高清，高品质
	特殊	/	/

图 4-20　提示词实操效果图

2. 再打开 Stable Diffusion 软件，选择文生图选项卡，在红色区域填写正向提示词，在绿色区域填写反向提示词。

正向提示词英文：

photo of 42 age happy man in black clothes,sunset,bald, face, half body, stand,high detailed skin, skin pores, coastline, overcast weather, wind, waves, 8k uhd, dslr, soft lighting, high quality, film grain, Fujifilm XT3

正向提示词中文翻译：

42 岁穿黑色衣服的快乐男人的照片，日落，光头，脸，半身，站立，高细节皮肤，皮肤毛孔，海岸线，阴天，风，波浪，8k 超高清，数码单反相机，柔和的灯光，高品质，胶片颗粒，富士 XT3 相机拍摄

①本次画面内容需要表现的是写实风格，模型推荐使用 Realistic Vision 写实风格模型，如图 4-21 所示。

Realistic Vision V2.0
19K
242K
845
CHARACTER
PHOTOREALISTIC
ANATOMICAL
CGI
REALISTIC
SEMI-REALISTIC
V2.0 (no VAE)
V2.0-inpainting (no VAE)
V1.3
V1.3-inpainting
V1.2
Download (3.59 GB)
Details
Type
CHECKPOINT MERGE
Downloads
146,032
Uploaded
Mar 26, 2023
Base Model
SD 1.5
Trigger Words
ANALOG STYLE
MODELSHOOT STYLE
NSFW
NUDITY
Hash
AUTOV2
E6415C4892
4 Files
Reviews
465 version ratings
4.87 out of 5
Add Review
See Reviews
About this version
SG_161222
Follow

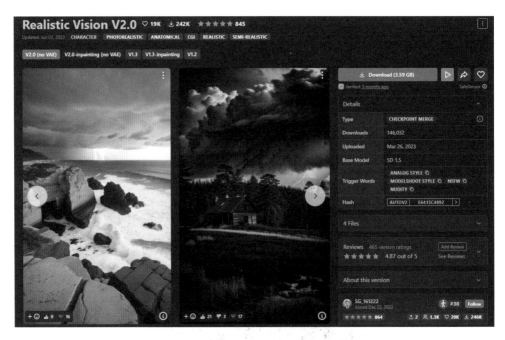

图 4-21　下载模型

②将模型文件放在 Stable Diffusion 安装根目录 /models/Stable-diffusion 文件夹内，此次 Stable Diffusion 安装根目录是在 E 盘 AI 目录下，所以模型文件放在 E:AI/models/Stable-diffusion 下即可，如图 4-22 所示。

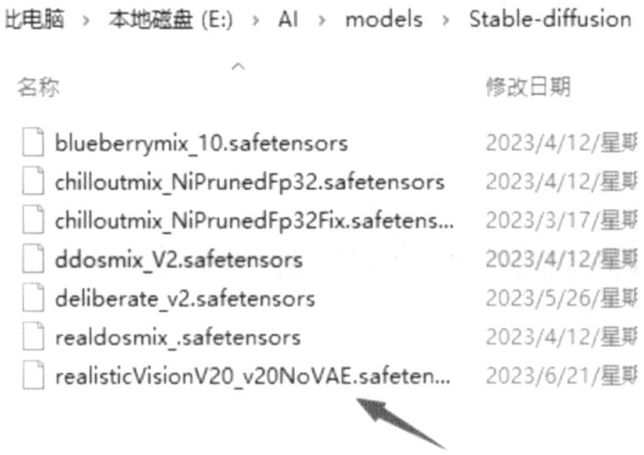

此电脑 › 本地磁盘 (E:) › AI › models › Stable-diffusion
名称
修改日期
blueberrymix_10.safetensors
2023/4/12/星期
chilloutmix_NiPrunedFp32.safetensors
2023/4/12/星期
chilloutmix_NiPrunedFp32Fix.safetens...
2023/3/17/星期
ddosmix_V2.safetensors
2023/4/12/星期
deliberate_v2.safetensors
2023/5/26/星期
realdosmix_.safetensors
2023/4/12/星期
realisticVisionV20_v20NoVAE.safeten...
2023/6/21/星期

图 4-22　保存模型

③打开 Stable Diffusion 软件，左上角选择 Realistic Vision 模型，如图 4-23 所示。

图 4-23　选择模型

3. 设置参数。按照表 4-3、图 4-24 中的参数设置后，点击右上角的橙色生成按钮，Stable Diffusion 会自动生成图片，如图 4-25 所示。

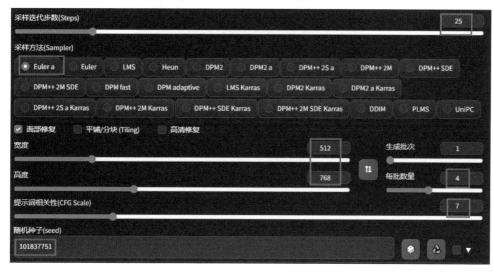

图 4-24　设置参数

表 4-3　设置参数表格

参数名	参数设置
采样迭代步数	25
采样方法	Euler a
宽度 × 高度	512×768
每批数量	4
提示词相关性	7
随机种子	101837751

图 4-25　生成效果图

4.6　提示词语法

本书前 3 个章节的内容涉及提示词种类、结构和技巧，接下来通过深入学习提示词的一些特殊语法，以方便用户更深入地用好提示词。

4.6.1　提示词权重

提示词权重作用就是提示词优先级，AI 绘画软件会对高优先级的提示词优先解析并作为画面主要内容。

提示词权重书写语法共两种。第 1 种是"多层括号法"，第 2 种是"括号 + 冒号 + 数值"的写法，推荐使用第 2 种语法精确控制权重。

126

第 1 种：多层括号法，提示词为一些鸡蛋和培根在煎锅上的照片（a photo of eggs and bacon on a frying pan），以提示词鸡蛋（egg）举例，如图 4-26、图 4-27、图 4-28、图 4-29 所示。

(egg)= 将鸡蛋这个词的优先级提高 1.1 倍

((egg))= 将鸡蛋这个词的优先级提高 1.21 倍 =1.1×1.1

(((egg)))= 将鸡蛋这个词的优先级提高 1.331 倍 =1.1×1.1×1.1

((((egg))))= 将鸡蛋这个词的优先级提高 1.4641 倍 =1.1×1.1×1.1×1.1

通过这个例子发现想要提示词精确获得某个数值的优先级加倍，首先这种方法没法实现，其次这个方法计算优先级非常烦琐还得通过计算才能知道实际的优先级数值。

图 4-26　鸡蛋权重 1.1　　　　图 4-27　鸡蛋权重 1.21

图 4-28　鸡蛋权重 1.331　　　图 4-29　鸡蛋权重 1.4641

第2种：括号＋冒号＋数值的写法，推荐用这种语法来精确量化提示词的优先级。

提示词为一些鸡蛋和培根在煎锅上的照片（a photo of eggs and bacon on a frying pan），以提示词"培根"（bacon）举例，如图4-30、图4-31、图4-32、图4-33所示。

（bacon:1）：将培根这个词的优先级提高到原来的1倍

（bacon:1.5）：将培根这个词的优先级提高到原来的1.5倍

（bacon:0.5）：将培根这个词的优先级减少至原来的50%

（bacon:0.25）：将培根这个词的优先级减少至原来的25%

图4-30　培根权重1　　　　　　图4-31　培根权重1.5

图4-32　培根权重0.5　　　　　　图4-33　培根权重0.25

4.6.2 提示词交替

提示词交替的作用是生成图片的不同计算步数交替计算不同的提示词。

书写语法是 [提示词 1| 提示词 2| 提示词 3| 提示词 n]。方括号是必须的，方括号中的提示词的数量可以是多个，方括号中的提示词不能添加权重。

提示词交替典型的用法用来做融合多种特征的奇怪物种。

例如提示词马 | 猪 | 羊 | 大象 [horse|pig|sheep|elephant]，Stable Diffusion 第 1 步先计算马，第 2 步计算猪，第 3 步计算羊，第 4 步计算大象，第 5 步再计算马，第 6 步再计算猪，以此类推。图片效果如图 4-34 所示。

图 4-34　提示词交替示范

4.6.3 提示词组合

提示词组合的作用是把多个提示词的结果直接相加。

书写语法是：提示词 1 AND 提示词 2 AND。其中 AND 必须是大写，提示词可为多个，相加的提示词可以单独设置权重。

提示词组合和提示词交替的区别

（1）提示词组合和提示词交替典型使用场景都是做画面融合，但算法原理不同，提示词组合是直接相加提示词结果，提示词交替是交替使用不同步数计算提示词；

（2）提示词组合效果要比提示词交替效果更好，因为提示词组合可以给每个提示词单独设置权重，控制融合的比例和效果。

例如提示词是 a cat AND a dog，得到一个像猫也像狗的动物，如图 4-35 所示。

（a）

（b）

图 4-35　提示词组合示范

提示词组合可修改单个提示词权重，例如修改为 a cat :1.8 AND a dog:0.9，生产的图片就会更像猫，如图 4-36 所示。默认权重值为 1。

（a） （b）

图 4-36　提示词组合加权重示范

例如提示词修改为 a cat AND a dog:0.05，生产的图片基本等同输出 a cat，使用低于 0.1 的权重无效果，如图 4-37 所示。

（a） （b）

图 4-37　提示词组合过低权重示范

提示词组合除了常用于不同物种融合作用以外，还可以把两个提示词结合起来，例如提示词是一个红色的湖边房子和旁边黄色的树木（a red house next to a pond AND yellow trees），房子和树木很好地结合，形成一张完美的图片，如图4-38所示。

（a）   （b）

图4-38　提示词组合示范

4.6.4　提示词打断

提示词打断的作用是打断提示词前后的上下文联系，书写语法是提示词"BREAK 提示词"，BREAK 前后需空格，BRAEAK 需大写。

例如提示词是全身照，男人，红色帽子，蓝色衬衣，黑色牛仔裤（full body,man,red hat, blue shirt,black jeans），但可能生成的是图4-39这样的图片，帽子颜色是对的，但衣服和裤子的颜色都不太对。

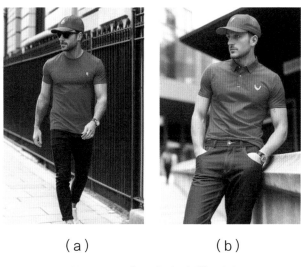

（a） （b）

图 4-39　提示词打断效果图

提示词修改为 (man:1.6),full body,black jeans,red hat BREAK blue shirt，有机会生成正确颜色的图片，如图 4-40 所示。

（a） （b）

图 4-40　提示词打断效果图

4.7　提示词进阶使用

4.7.1　提示词快捷按钮

在 Stable Diffusion 生成按钮下方有一排提示词快捷按钮，如图 4-41 所示，虽然位置不起眼但是作用非常大，值得用户多多使用。

图 4-41　提示词快捷按钮位置

1. 填充提示词和参数

第 1 个按钮的作用是快速填充提示词和参数，如图 4-42 所示，这个功能是一个快速模仿学习其他创作者的提示词和参数的方法。

图 4-42　填充提示词和参数按钮

①打开 civitai 任意一个图片出现相关使用模型提示词和参数，如图 4-43 所示，请选择最右下角的按钮一次性复制所有提示词和参数。

图 4-43　复制提示词和参数

②需要把这段原始数据复制到提示词的位置，如图 4-44 所示。

图 4-44　复制提示词

③点击这个复制全部参数按钮，如图 4-45 所示。

图 4-45　点击填充提示词和参数按钮

④可以看到所有的提示词，反向提示词，参数都自动填好，如图 4-46 所示。

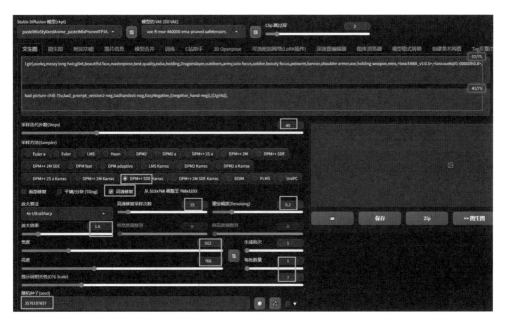

图 4-46　提示词和参数自动填充

135

⑤选择指定的大模型和 LoRA 模型，如图 4-47 所示。

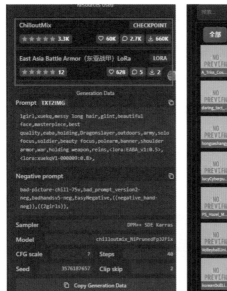

图 4-47　选择大模型和 LoRA 模型

⑥点击生成按钮，就可以生成图片，如图 4-48 所示。

图 4-48　生成效果图

2. 删除提示词

第2个按钮的作用是快速删除提示词，如图4-49、图4-50、图4-51所示。需要注意该功能只会删除提示词和反向提示词，参数是不会被删除的。

图 4-49　删除提示词按钮

图 4-50　输入提示词

图 4-51　快速删除提示词

3. 使用特殊模型

第3个按钮的作用是使用特殊模型窗口的显示和隐藏，点击打开使用特殊模型窗口，再次点击隐藏特殊模型窗口。这个功能在本书的"LoRA模型使用方法"章节中会详细解释使用方法，本小节仅展示按钮和特殊模型窗口位置，如图4-52所示。

图 4-52　使用特殊模型

4. 新建提示词模板

第 5 个按钮的作用是新建提示词模板,如图 4-53 所示。需要注意提示词模板中存储的内容只有提示词,没有任何设置参数。

①保持提示词和反向提示词有内容,点击新建提示词按钮。

图 4-53 新建提示词模板

②弹窗中属于提示词模板的名称可以中文,例如女战甲,点击确定,如图 4-54 所示。

图 4-54 提示词模板名称

③提示词模板保存后,模板风格这里可以显示和选择,如图 4-55 所示。

图 4-55 提示词模板列表

5. 选择提示词模板

如图 4-56 所示,模板风格这个下拉框的作用是选择提示词模板。

①提示词模板新建保存成功后，点击模板风格的下拉列表，如图 4-56 所示，可以选择不同的提示词模板，点击确认，会显示在模板的选项框中。

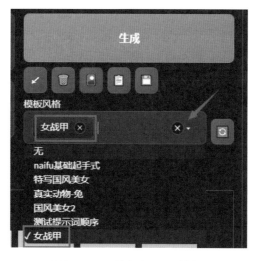

图 4-56　选择提示词模板

②选择完成提示词模板后，会发现提示词并没有直接在提示词和反向提示词位置，如图 4-57 所示，可以继续往下操作。

图 4-57　选择提示词模板之后

③点击粘贴提示词模板按钮，如图 4-58 所示。

图 4-58　粘贴提示词模板

139

④提示词和反向提示会自动粘贴，如图4-59所示。

图4-59　提示词自动粘贴

6. 粘贴提示词模板

第4个粘贴提示词模板按钮需要配合新建提示词模板，如图4-60所示，选择提示词模板这两个按钮一起使用，作用是把提示词模板中的内容粘贴到提示词和反向提示词的输入框中。

图4-60　粘贴提示词模板按钮

4.7.2　提示词矩阵

提示词矩阵（Prompt matrix）这个功能作用是使用 | 字符分隔多个提示词，系统将为提示词的每种组合都单独生成一个图像。提示词矩阵和提示词交替视觉上看起来相似，都是 | 字符分隔提示词，但是提示词矩阵不需要方括号。

用户可在文生图或图生图最底部的脚本——提示词矩阵使用该功能，如图4-61所示。

图4-61　提示词矩阵脚本

例如，提示词是：一个漫步街头的女孩 | 海边 | 草地 | 沙漠 | 山边，英文提示词翻译为 a girl walking in street|seaside|meadow|desert|hill。4 个不同的提示词会以 16（2^4）种提示词组合生成图片（提示词会始终保留第一部分不变），所有生成图像具有相同的种子按矩阵顺序生成 16 个图像，且每个图像都有相应的提示词标注，如图 4-62 所示。

①一个漫步街头的女孩（a girl walking in the street ）

②一个漫步海边街头的女孩（a girl walking in the street，seaside ）

③一个漫步草地街头的女孩（a girl walking in the street，meadow ）

④一个漫步海边和草地街头的女孩（a girl walking in the street，seaside，meadow ）

⑤一个漫步沙漠街头的女孩（a girl walking in the street，desert ）

⑥一个漫步沙漠有海边街头的女孩（a girl walking in the street，desert，seaside ）

⑦一个漫步沙漠有草地街头的女孩（a girl walking in the street，desert，meadow ）

⑧一个漫步沙漠有海边和草地街头的女孩（a girl walking in the street，desert，seaside，meadow ）

⑨一个漫步山边街头的女孩（a girl walking in the street，hill ）

⑩一个漫步山边有海的街头的女孩（a girl walking in the street，hill，seaside ）

⑪一个漫步山边有海和草地街头的女孩（a girl walking in the street，hill，meadow ）

⑫一个漫步山边街头的女孩（a girl walking in the street，hill，seaside，meadow ）

⑬一个漫步沙漠有山的街头的女孩（a girl walking in the street，desert，hill ）

⑭一个漫步沙漠有山且有海的街头的女孩（a girl walking in the street，desert，hill，seaside ）

⑮一个漫步沙漠有山且有草地的街头的女孩（a girl walking in the street，desert，hill，meadow）

⑯一个漫步沙漠有山有海且有草地的街头的女孩（a girl walking in the street，desert，hill，seaside，meadow）

图 4-62　提示词矩阵效果图

图 4-63　把可变部分放在提示词文本的开头

把可变部分放在提示词文本的开头

勾选就代表把分隔符的提示词移动到整个提示词最前面，如图 4-63 所示。以上面的提示词为例，效果图如图 4-64 所示。

①一个漫步街头的女孩（a girl walking in the street）

②海边，一个漫步街头的女孩（seaside，a girl walking in the street）

③草地，一个漫步街头的女孩（meadow，a girl walking in the street）

④海边和草地，一个漫步街头的女孩（seaside，meadow，a girl walking in the street）

⑤其他 12 种提示词以此类推。

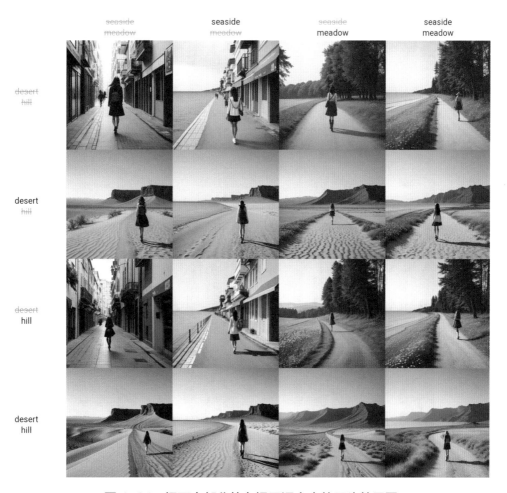

图 4-64　把可变部分放在提示词文本的开头效果图

143

为每张图片使用不同随机种子：选项不常用，默认都是使用相同种子生成。

选择提示词：代表脚本使用的是正向提示词还是负面提示词，默认使用正向。

选择分隔符：代表脚本分隔提示词时候使用哪种标点符号，默认使用逗号。这个选项需谨慎选择空格，空格选项生成图片的画面内容有巨大的不确定性，效果如图4-65所示。

选择逗号生成的提示词使用逗号区分，a girl walking in the street，desert，seaside，如选择空格生成的提示词默认使用空格区分，a girl walking in the street desert seaside。

图 4-65　选择分隔符为空格的效果图

宫格图边框： 选项可让生成的提示词矩阵对比图有一定间隙，效果图如图4-66 所示。

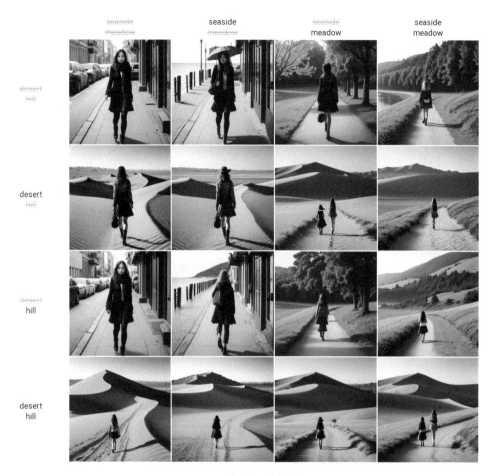

图 4-66　宫格图边框效果图

4.7.3　从文本框或文件载入提示词

从文本框或文件载入提示词（Prompts from file or textbox）这个功能可以从文本框或文本文件中导入大量提示词，可依靠不同的提示词输出不同的图片。支持一次性输入多行不同提示词或从文本文件中导入提示词来生成不同的图像。

一共有三种常用的情况，一是通过不同提示词生成完全不同图片；二是通过相近提示词生成相近图片；三是通过使用不同参数、不同提示词生成不同内容和不同参数效果的图片。

用户可在文生图或图生图最底部的脚本——从文本框或文件载入提示词使用该功能，如图 4-67 所示。需要注意在这个脚本的提示框内输入提示词后，最上方的提示词就会完全失效。

图 4-67　从文本框或文件载入提示词界面

1. 使用不同提示词生成不同图片

例如四行提示词是四种完全不同的动物，在提示词输入列表输入，每行提示词请使用回车换行，或把这四个完全不同的提示词撰写在文本文档中，如图 4-68 所示，使用最下方点击上传导入提示词。两种操作方式的结果完全相同。生成的相关图片如图 4-69 所示。

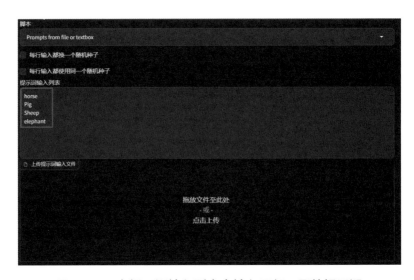

图 4-68　在提示词输入列表中输入四行不同的提示词

（a）　　　　　　　（b）

（c）　　　　　　　（d）

图 4-69　使用不同提示词生成不同图片

脚本中可选择每行提示词输入切换不同的随机种子或者每行提示词输入使用同一随机种子，如图 4-70 所示，因为画面内容已经是不同的内容了，所以本次使用不同的随机种子和相同的随机种子结果没有差别。

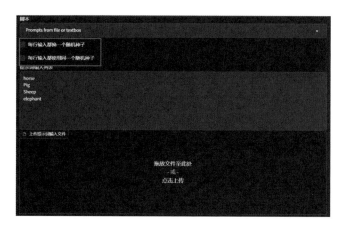

图 4-70　随机种子设置

2. 使用相近提示词生成相近图片

站姿，杰作，最佳质量（standing，masterpiece，best quality）每行都统一使用。使用相近提示词生成相近图片，如图 4-71 所示。

一个穿粉色汉服的女孩（1girl, pink hanfu,standing,masterpiece,best quality）

一个穿黑色汉服的女孩（1girl, black hanfu,standing,masterpiece,best quality）

一个穿白色汉服的女孩（1girl, white hanfu,standing,masterpiece,best quality）

一个穿粉色旗袍的女孩（1girl, pink cheongsam,standing,masterpiece,best quality）

一个穿黑色旗袍的女孩（1girl, black cheongsam,standing,masterpiece,best quality）

一个穿白色旗袍的女孩（1girl, white cheongsam,standing,masterpiece,best quality）

（a）　　　　　　　（b）

（c）　　　　　　　（d）

（e）　　　　　　　（f）

图 4-71　使用相近提示词生成相近图片

3. 使用不同参数和不同提示词生成不同图片

每个参数名前面要加 1 个英文破折号，提示词的写法 --prompt "提示词"，反向提示词的写法是 --negative_prompt "反向提示词"，涉及文本提示词的必须写在英文双引号内。提示词一旦在文本框中输入，不管是提示词还是反向提示词，都会彻底覆盖原始提示词。其他部分可以写不同的参数（例如不同的图片大小、步数、提示词相关性等），每个参数名后面一定要用空格隔开，如图 4-72 所示。

提示词改变为落日照片，反向提示词维持原始设置不变，参数会默认按照原始设置的绿色参数执行，如图 4-73 所示。

--prompt "photo of sunset"

提示词改变为落日照片，反向提示词维持原始设置不变，参数修改为：宽度512，高度768，采样方式改为 DPM++SDE Karras，步数改为 20，提示词相关性改

图 4-72　参数设置

为15。竖版图片一般会被认为是含有人像，此图片自动填充人像，如图 4-74 所示。

——prompt "photo of sunset" ——width 512 ——height 768 ——sampler_name "DPM++ SDE Karras" ——steps 20 ——cfg_scale 15

提示词改变为雪山照片，反向提示词改变为仅有 people，参数会默认按照原始设置的绿色参数执行，如图 4-75 所示。

——prompt "photo of winter mountains" ——negative_prompt "people"

提示词改变为雪山照片，反向提示词维持原始设置不变，参数修改为：步数改为 20，采样方式改为 Euler a，如图 4-76 所示。

——prompt "photo of winter mountains" ——steps 20——sampler_name "Euler a"。

图 4-73　落日照片　　　　　图 4-74　落日照片修改参数

图 4-75　雪山照片　　　　　图 4-76　雪山照片修改参数

一本书读懂 AI 绘画

该脚本支持以下参数，用户可自行尝试使用。

"sd_model"：模型名称

"prompt"：正向提示词

"negative_prompt"：反向提示词

"styles"：提示词模板

"steps"：采样迭代步数

"sampler_name"：采样方式

"restore_faces"：面部恢复

"tiling"：平铺

"width"：宽度

"height"：高度

"batch_size"：生成批次

"n_iter"：每批数量

"cfg_scale"：提示词相关性

"seed"：随机种子

"subseed"：差异随机种子

"subseed_strength"：差异随机种子强度

"seed_resize_from_h"：差异随机种子高度

"seed_resize_from_w"：差异随机种子宽度

"outpath_samples"：样本输出路径

"outpath_grids"：网格输出路径

"do_not_save_samples"：不保存样本

"do_not_save_grid"：不保存网格

4.7.4 X/Y/Z 图表

1. 基础用法

X/Y/Z 图表（X/Y/Z plot）这个功能的作用是创建具有不同参数的图像网格。

X 和 Y 用作行和列，Z 用作分组。

用户可在文生图或图生图最底部的脚本——X/Y/Z 图表中使用该功能，如图 4-77 所示。

图 4-77　X/Y/Z 图表

X 轴类型就是横向展示的参数类型，X 轴的值就是横向展示的参数值。

Y 轴类型就是竖向展示的参数类型，Y 轴的值就是竖向展示的参数值。

Z 轴类型就是分组展示的参数类型，Z 轴的值就是分组展示的参数值。

数值型参数有如下三种写法。

· 简单写法：

1—5=1，2，3，4，5

· 括号增量写法：

1—5（+2）=1，3，5

1—3（+0.5）=1，1.5，2，2.5，3

10—5（-2）=10，7，5

· 方括号计数写法：

1—10［5］=1，3，5，7，10

0.0—1.0［6］=0.0，0.2，0.4，0.6，0.8，1.0

①如图 4-78 所示，该案例测试**横向不同提示词相关性 + 竖向不同步数**生成的图片结果。

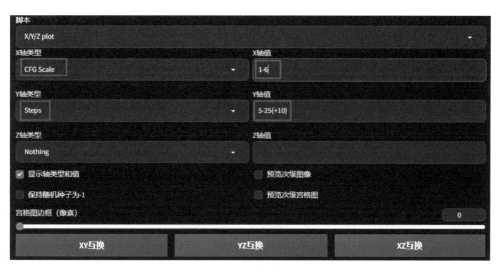

图 4-78　X/Y/Z 图表设置参数

通过测试可发现，步数越高生成图片越完美，但较高的提示词相关性 + 较低的步数会得到不太好的结果，如图 4-79 所示。

图 4-79　X/Y/Z 图表生成效果图

②如图 4-80 所示，该案例测试**横向不同步数 + 分组为不同提示词相关性**生成的图片结果。

预览次级图像可以在生成图像的界面看到由文生图生成的图片，预览次级图像可以在生成图像的页面看到由文生图生成的网格图片，不影响最终输出图像。即使没勾选图像和网格图像依然都会输出。界面中看到的是 X/Y/Z 图表，红色标注的是网格图片，绿色标注的是图片。如图 4-81 所示，通过测试可发现，步数越高生成图片越完美，提示词相关性越低会和提示词的越不接近。

图 4-80　X/Y/Z 图表设置参数

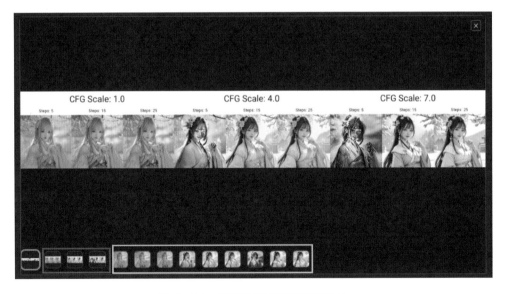

图 4-81　预览界面不同类型图片

③如图 4-82 所示，该案例测试**横向不同步数 + 竖向不同采样方法 + 分组为不同提示词相关性**生成的图片结果。通过测试可发现，**LMS 采样算法不适合数值较高的提示词相关性**。

非数值型的参数可以点击旁边的黄色图书图标，可使用的数值会自动填入，再自行删除不需要的参数值。效果图如图 4-83 所示。

图 4-82　X/Y/Z 图表设置参数

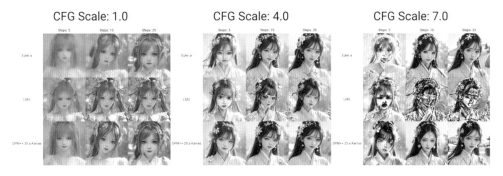

图 4-83　X/Y/Z 图表效果图

2. 特殊用法（提示词搜索 / 替换）

X/Y/Z 图表特殊用法之一是提示词搜索 / 替换（Prompt S/R），这个功能是搜索提示词中指定的单词并完成替换的作用，如图 4-84 所示。首先查找提示词中有没有相关的特定的文字，再取出这个文字逐个替换成参数列表中的提示词。

155

用户可在文生图或图生图最底部的脚本——X/Y/Z 图表 - 提示词搜索 / 替换使用该功能。

图 4-84　X/Y/Z 图表特殊用法提示词搜索 / 替换

例如，提示词中含有 a girl walking in street，如图 4-85 所示。

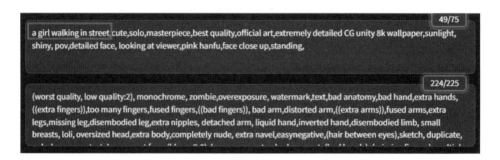

图 4-85　设置提示词

如图 4-86 所示，提示词搜索 / 替换的参数值是 street，seaside，meadow，desert，软件会搜索相同特定提示词 street 并替换为以下四组提示词。

· a girl walking in street

· a girl walking in seaside

· a girl walking in meadow

· a girl walking in desert

相关效果图如图 4-87 所示。

图 4-86　设置提示词搜索 / 替换

图 4-87　提示词搜索 / 替换效果图

特殊用法（提示词顺序）

X/Y/Z 图表特殊用法之二是提示词顺序，这个功能用来测试提示词不同顺序对画面的影响，如图 4-88 所示。

用户可在文生图或图生图最底部的脚本——X/Y/Z 图表－提示词顺序使用该功能；

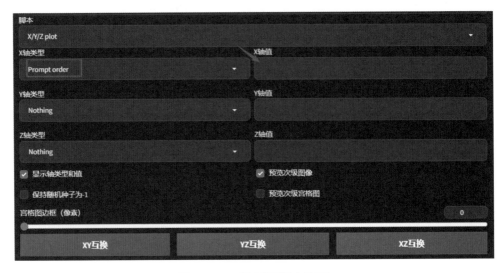

图 4-88　提示词顺序界面

第 1 种使用情况为相邻提示词顺序改变。如图 4-89 所示，相邻提示词 cute,solo，将提示词顺序的参数值也设置为 cute,solo，软件会自动改变提示词的顺序生成 2 张不同提示词顺序的图片，红框标注前后的提示词顺序不会做任何改变，如图 4-90 所示。

- cute,solo
- solo,cute

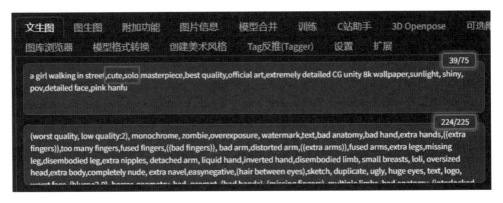

图 4-89　提示词设置

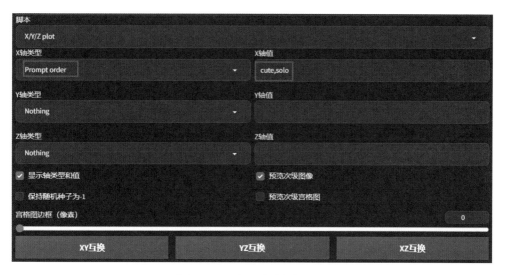

图 4-90　提示词顺序设置

如图 4-91 所示，可以看出这 2 个单词的顺序改变对画面影响是非常轻微，所以这 2 个单词可以自由改变顺序。如果选择 3 个相邻的提示词，就会生成 6 张图片。如果选择 4 个相邻的提示词，就会生成 24 张图片。

（a）cute, solo　　　　　　　　（b）solo, cute

图 4-91　提示词顺序效果图

第 2 种使用情况是不相邻提示词顺序改变。除了相邻的提示词，也可以改变不相邻提示词顺序，如图 4-92 所示，测试提示词顺序对画面的影响，如图 4-93 所示。

文生图　图生图　附加功能　图片信息　模型合并　训练　C站助手　3D Openpose　可选阿

图库浏览器　模型格式转换　创建美术风格　Tag反推(Tagger)　设置　扩展

39/75

a girl walking in street,cute,solo,masterpiece,best quality,official art,extremely detailed CG unity 8k wallpaper,sunlight, shiny, pov,detailed face pink hanfu

224/225

(worst quality, low quality:2), monochrome, zombie,overexposure, watermark,text,bad anatomy,bad hand,extra hands,((extra fingers)),too many fingers,fused fingers,((bad fingers)), bad arm,distorted arm,((extra arms)),fused arms,extra legs,missing leg,disembodied leg,extra nipples, detached arm, liquid hand,inverted hand,disembodied limb, small breasts, loli, oversized head,extra body,completely nude, extra navel,easynegative,(hair between eyes),sketch, duplicate, ugly, huge eyes, text, logo,

图 4-92　提示词设置

脚本

X/Y/Z plot

X轴类型　　　　　　　　　　　　　　　　　　　　X轴值

Prompt order　　　　　　　　　　　　　　　　　a girl walking in street,pink hanfu

Y轴类型　　　　　　　　　　　　　　　　　　　　Y轴值

Nothing

Z轴类型　　　　　　　　　　　　　　　　　　　　Z轴值

Nothing

☑ 显示轴类型和值　　　　　　　　　　　　　☑ 预览次级图像

☐ 保持随机种子为-1　　　　　　　　　　　　☐ 预览次级宫格图

宫格图边框（像素）　　　　　　　　　　　　　　　　　　　　　　0

| XY互换 | YZ互换 | XZ互换 |

图 4-93　提示词顺序设置

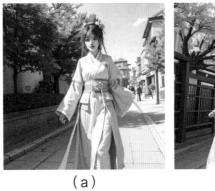

（a）
a girl walking in street, pink hanfu

（b）
pink hanfu, a girl walking in street

图 4-94　提示词顺序效果图

160

如图 4-94 所示，可以看出这 2 个单词的顺序改变对画面影响是相对较大的，粉色汉服提示词在前会导致画面出现大面积的粉色。建议服装的提示词还是放在中间或者放在最后。

第一部分　入门篇

第二部分　精通篇

第三部分　变现篇

5.1 模型简介

概念

模型（Models）是 Stable Diffusion 软件中用于智能生成图像的一种文件资源。 模型智能生成什么内容的图像取决于用于训练该模型的图片数据或文字数据。例如 A 模型训练数据中只有猫，使用 A 模型生成的都是猫的图片；同理例如 B 模型训练数据中没有猫，使用 B 模型将无法生成猫的图像。

作用

模型的作用是在 AI 绘画软件中决定提示词能生成特定风格或画面内容的一类文件。通过使用模型文件控制图像的风格或内容，从而生成用户所需的图像。模型的选择对于图像风格和内容的生成非常重要。

举例

如果用户想生成描绘女孩的图片，提示词女孩（1girl），通过选择不同模型实现不同画面风格，如图 5-1 所示。

写实风格选择使用写实风格的模型例如 ChilloutMix；二次元动漫风格选择使用动漫风格的模型例如 ReV Animated；中国风的选择使用国风模型例如 GuoFeng3；卡通风格的选择使用卡通风格的模型例如 Disney Pixar Cartoon Type A。

（a）   （b）

（c）   （d）

图 5-1　选择不同模型实现不同画面风格

5.2　模型种类

5.2.1　大模型

1.定义

大模型的术语是检查点（Checkpoints）模型。这类模型是 Stable Diffusion 必备的模型，不需要额外的模型就可以用来生成图形，这是它俗称底模型的原因；该模型包含生成图像所需的一切数据，所以文件比较大，这是它俗称大模型的原因。

2. 适用范围

这类模型适用范围很广，可以用来生成各种物体，只需要选择不同类型的大模型下载使用即可。

3. 大小

因为用于训练的原始图片数据很多，所以这类模型通常都很大，常见有 2G、4G、7G 三种大小。

4. 格式

格式以 safetensors 和 ckpt 为主，这两种格式可以相互转化，内容并无差别。建议使用前者，这个格式是相对安全。模型格式对比可以参考表 5-1，用户使用安全且有很多比较强大的功能。

表 5-1　模型格式对比

格式	安全性	零拷贝	延迟加载	无文件大小限制	布局控制	灵活性	Bfloat16
pickle（Pytorch）	×	×	×	√	×	√	√
H5（Tensorflow）	√	×	√	√	~	~	×
SavedModel（Tensorflow）	√	×	×	√	√	×	√
MsgPack（flax）	√	√	×	√	×	×	√
Protobuf（ONNX）	√	×	×	×	×	×	√
Cap'n'Proto	√	√	~	√	√	~	×
Arrow	?	?	?	?	?	?	×
Numpy（npy,npz）	√	?	?	×	√	×	×
pdparams（Paddle）	×	×	×	√	×	√	√
Safe tensors	√	√	√	√	√	×	√
Ckpt	×	√	√	√	√	×	√

5.2.2　LoRA 模型

1. 定义

LoRA 模型的术语是低阶自适应（Low-Rank Adaptation）模型，这类模型不能单独脱离大模型单独使用，是大模型的强有力的图片补充。例如，想要生成的图片都以用户自己的相貌作为原型，就必须靠 LoRA 模型把属于用户的各种视角的图片信息传递给 Stable Diffusion，这样 Stable Diffusion 就会按照用户提供的 LoRA 模型生成专属用户的人物图片了。

2. 适用范围

LoRA 这类模型使用范围很广，一般用来生成特定的人物、物体或起特定的作用。例如特定服饰（中国服饰）、特定人物（Dream 这个基于国风 3 训练的特定人物）和特定作用（添加细节）。

3. 大小

因为只是大模型的特定人物和物体的图片补充，文件通常不大，文件大小为 8~144MB。

4. 格式

格式以 safetensors 和 ckpt 格式为主，这两种格式可以相互转化内容并无差别，建议使用前者，这个格式是相对安全。

5.2.3　LyCORIS（LoHA）模型

1. 定义

LyCORIS 模型的术语是 LoRA 超常规算法（LoRA beyond Conventional Methods）模型，一般简称 LoHA 或 LyCORIS 模型，这类模型不能单独脱离大模型单独使用，也是大模型的强有力的图片补充。LoRA 和 LoHA 模型区别在于当模型参数逐渐加大时，LoHA 模型也能保持较好的表现，LoHA 模型相对于LoRA 可以和大模型在参数较高的情况相结合生成较好的效果。

2. 适用范围

这类模型使用范围也很广，类似 LoRA 模型，一般用来生成特定的人物和物体。

3. 大小

因为只是大模型的特定人物和物体的图片补充，文件通常不大，文件大小为8~144MB。

4. 格式

格式以 safetensors 和 ckpt 为主，这两种格式可以相互转化内容并无差别，建议使用前者，这个格式是相对安全。

5.2.4 文本转化模型

1. 定义

该模型的术语是文本转化（Textual Inversion）模型或嵌入（Embeddings）模型。这类模型不能脱离大模型单独使用，是针对大模型强有力的画风或者提示词的解释。例如在提示词输入框中输入女王样式（STYLE-PRINCESS）这个触发词（Trigger Words），就能让大模型理解用户想要表达的图片要以女王的形式出现。本模型基本是在特定提示词上训练的，用特定的触发提示词去实现复杂的图片效果。简单来说，例如 Stable Diffusion 不一定理解"曹操"这个词，那就需要你制作一个文本转化模板，告诉 Stable Diffusion "曹操"应该是什么提示词。这样 Stable Diffusion 就能理解并生成"曹操"这个人物的图片。

2. 适用范围

这类模型使用范围较窄，一般通过触发词实现特殊的图片效果。

3. 大小

因为只是大模型的特定文本提示词的补充，文件通常很小，文件大小为10~100KB 不等。

4. 格式

常见格式为 pt。

注意事项

①有关文本转化模型的使用，这部分实操会在 5.3.4 文本转化模型使用方法章节中体现。

②文本转化模型必须配合大模型且使用触发词调用，无法单独使用。

5.2.5 通配符模型

1. 定义

该模型术语是通配符（Wildcards）模型，这类模型本质是 txt 文本文档的一个合集，不能脱离大模型单独使用，是一种文本提示词的合集。例如各种衣服颜色，通过 Stable Diffusion 提示词输入框中输入配色方案（_____peaksel_colorscheme_____）这个触发词（Trigger Words），实现每个生成的图片都随机的衣服配色方案。

2. 适用范围

这类模型使用范非常广，一般通过触发词实现有限范围内随机效果的图片效果。

3. 大小

因为只是文本文档的压缩包，文件通常很小，为 10~500KB。

4. 格式

常见格式为 rar 压缩包，压缩包里面包含的都是 txt 文本格式。

5.2.6 超网络模型

1. 定义

该模型的术语是超网络（Hyper Networks）模型，这类模型可以理解为画面风格模型，是针对大模型强有力的画风 / 风格样式的补充，例如用户想要实现星际战士画风的图片，可以使用 Space Marine 这个超网络模型，Stable Diffusion 就能很好地通过模型中的各种星际战士风格的图片素材来帮用户实现以星际战士画风为主题的各类图片。

2. 适用范围

这类模型使用范围较窄，一般用来生成特定画风的图片。

3. 大小

该模型是大模型的特定画风的补充，文件通常大小中等，文件大小为 5~300MB。

4. 格式

常见格式为 pt。

5.2.7 美术风格模型

1. 定义

该模型的术语是美术风格（Aesthetic Gradients）模型，这类模型和超网络模型相似，也是一种画面风格模型，是针对大模型画面风格的补充。例如用户想要实现未来赛博城市画风的图片，可以使用 Cyber City（赛博城市）这个美学梯度模型。Stable Diffusion 就能很好地通过模型中各种未来赛博城市的图片素材，帮用户实现以赛博城市画面风格为主题的各类图片。

美术风格模型和超网络模型的区别：

超网络模型用于训练模型需要很多原始图片素材，而美术风格模型的特点是即使只有 1 张原始图片素材，也可以训练美术风格模型，且制作速度快。美术风格模型和超网络模型主要区别是原始素材数量的多和少。修改画面风格还是强烈建议使用超网络模型，毕竟美术风格的原始素材的数量不是很多。

2. 适用范围

这类模型使用范围较窄，一般用来生成特定画风的图片。

3. 大小

该模型是大模型的特定画风的补充，文件通常非常小，文件大小为 3KB 左右。

4. 格式

常见格式为 pt。

5.2.8 辨别模型种类的工具

模型的格式多种多样，常见有 ckpt、pt、safetensors、pth，这 4 种为常用模型文件格式，不常见的模型文件格式有 bin、png、txt 等不同类型。但是单从后缀名是无法判断具体是哪一种类的模型，bilibili 网站上的 UP 主秋葉 aaaki 开发了工具，可以快速辨别模型种类，只需要把模型拖进来即可辨别模型种类。

5.3 模型使用

5.3.1 大模型使用方法

①下载大模型 GuoFeng3，如图 5-2 所示。

②将文件放在 Stable Diffusion 安装根目录 /models/Stable-diffusion 文件夹内，此次 Stable Diffusion 安装根目录是在 E 盘 AI 目录下，所以模型文件放在 E:AI/models/Stable-diffusion 下即可，如图 5-3 所示。

③点击蓝色图标刷新您的模型列表，Stable Diffusion 模型（ckpt）下拉框中选择大模型，如图 5-4 所示。

国风3 GuoFeng3
13K
79K
294
STYLE
ANIME
GIRL
3D
CHINESE
CHINESE DRESS
+5
v3.3
v3.2_light
v3.2
Download (3.95 GB)
Details
Type
CHECKPOINT TRAINED
Downloads
29,240
Uploaded
Apr 05, 2023
Base Model
Other
Hash
AUTOV2
4078EB4174
1 File

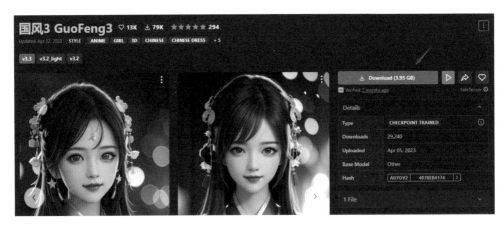

图 5-2　下载大模型

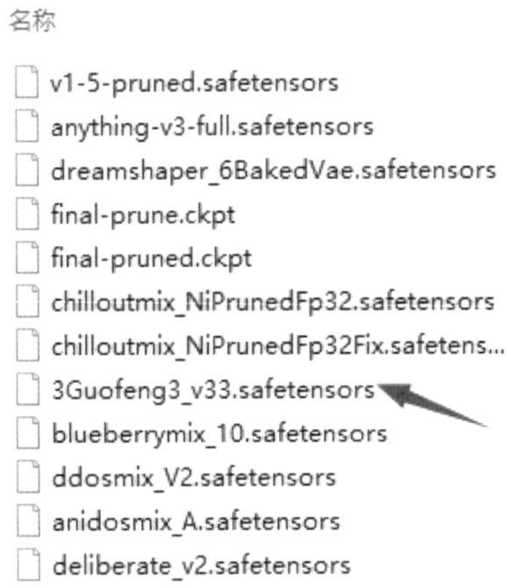

名称
v1-5-pruned.safetensors
anything-v3-full.safetensors
dreamshaper_6BakedVae.safetensors
final-prune.ckpt
final-pruned.ckpt
chilloutmix_NiPrunedFp32.safetensors
chilloutmix_NiPrunedFp32Fix.safetens...
3Guofeng3_v33.safetensors
blueberrymix_10.safetensors
ddosmix_V2.safetensors
anidosmix_A.safetensors
deliberate_v2.safetensors

图 5-3　保存大模型

Stable Diffusion 模型(ckpt)
3Guofeng3_v33.safetensors [4078eb4174]
✓ 3Guofeng3_v33.safetensors [4078eb4174]
anidosmix_A.safetensors [eb49192009]
anything-v3-full.safetensors
blueberrymix_10.safetensors
chilloutmix_NiPrunedFp32.safetensors [95afa0d9ea]
chilloutmix_NiPrunedFp32Fix.safetensors [fc2511737a]
ddosmix_V2.safetensors
deliberate_v2.safetensors
dosmix_.safetensors
dreamshaper_6BakedVae.safetensors
final-prune.ckpt [89d59c3dde]
final-pruned.ckpt

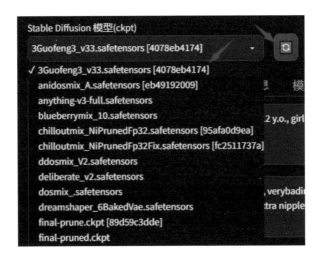

图 5-4　选择大模型

④在提示词输入框输入需要的提示词，在反向提示词输入不希望出现的提示词，如图 5-5 所示。

图 5-5　输入提示词

⑤使用文生图功能，设置好参数，如图 5-6 所示，点击生成即可输出图片。

图 5-6　设置参数

⑥欣赏 Stable Diffusion 生成的 AI 图片作品，如图 5-7 所示。

（a）　　　　　　　　　　　（b）

图 5-7　生成效果图

5.3.2　LoRA 模型使用方法

1. 原生使用

模型放置位置： LoRA 模型需放在 models/lora 文件夹。

模型使用方式： 点击 show extra networks 按钮下方的 Generate（图标），转到 LoRA 选项卡即可使用，可以点击选择多个 LoRA 模型叠加使用。

①下载大模型 ChilloutMix，如图 5-8 所示。

图 5-8　下载大模型

②下载 LoRA 模型 miko dressing，如图 5-9 所示。

图 5-9　下载 LoRA 模型

174

③将大模型文件放在 Stable Diffusion 安装根目录 /models/Stable-diffusion 文件夹内，此次 Stable Diffusion 安装根目录是在 E 盘 AI 目录下，所以模型文件放在 E:AI/models/Stable-diffusion 下即可。将 LoRA 模型文件放在 Stable Diffusion 安装根目录 /models/lora 文件夹内，此次 Stable Diffusion 安装根目录是在 E 盘 AI 目录下，所以模型文件放在 E: AI/models/lora 下即可，如图 5-10 所示。

图 5-10　保存 LoRA 模型

④点击蓝色图标刷新模型列表，在 Stable Diffusion 模型（ckpt）下拉框中选择大模型，如图 5-11 所示。

图 5-11　选择大模型

⑤点击 show extra networks 按钮下方的 Generate（图标），转到 LoRA 选项卡选择 miko 这个 LoRA 模型，提示词上会出现 <lora:miko_v10-10:1>，调整 LoRA 模型的权重为 0.6，<lora:miko_v10-10:0.6>，即 LoRA 模型的影响力设置为 60%，多个 LoRA 模型可以分别设置权重，如图 5-12 所示。

175

图 5-12　选择 LoRA 模型

⑥在提示词中输入需要的提示词，在反向提示词输入不希望出现的提示词，如图 5-13 所示。

图 5-13　输入提示词

⑦使用文生图功能，设置好参数，如图 5-14 所示，点击生成即可输出图片。

图 5-14　参数设置

⑧欣赏 stable diffusion 生成的 AI 图片作品，如图 5-15 所示。

（a） （b）

图 5-15　生成效果图

2. 插件使用

模型放置位置：模型放在 extensions/sd-webui-additional-networks/models/lora 文件夹内，需安装插件（本地安装整合包已内置了这个插件，无须单独安装）。

模型使用方法：在文生图或图生图选项卡上，选择可选附加网络（LoRA 插件）的区域，切记要点击启用，并设置 MODEL1 为需要的 LoRA 模型即可，可以多个 LoRA 模型叠加使用。

①下载大模型 ChilloutMix 并选择大模型，如图 5-16、图 5-17 所示。

图 5-16　下载大模型

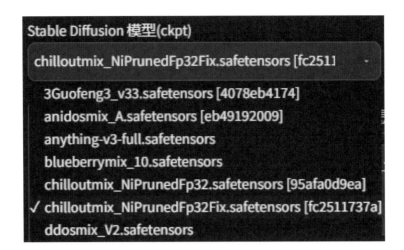

图 5-17　选择大模型

②下载 LoRA 模型 miko dressing，如图 5-18 所示。

图 5-18　下载 LoRA 模型

③将模型文件放在 Stable Diffusion 安装根目录 /extensions/sd-webui-additional-networks/models/lora 文件夹内，此次 Stable Diffusion 安装根目录是在 E 盘 AI 目录下，所以模型文件放在 E：AI/extensions/sd-webui-additional-networks/models/lora 下即可，如图 5-19 所示。

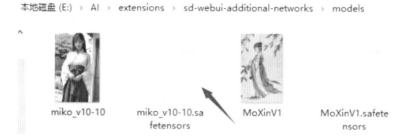

本地磁盘 (E:) › AI › extensions › sd-webui-additional-networks › models

miko_v10-10   miko_v10-10.sa   MoXinV1   MoXinV1.safete
               fetensors   nsors

图 5-19　保存 LoRA 模型

④在提示词中输入需要的提示词，在反向提示词输入不希望出现的提示词，如图 5-20 所示。

图 5-20　输入提示词

⑤使用文生图功能，设置好参数，如图 5-21 所示。

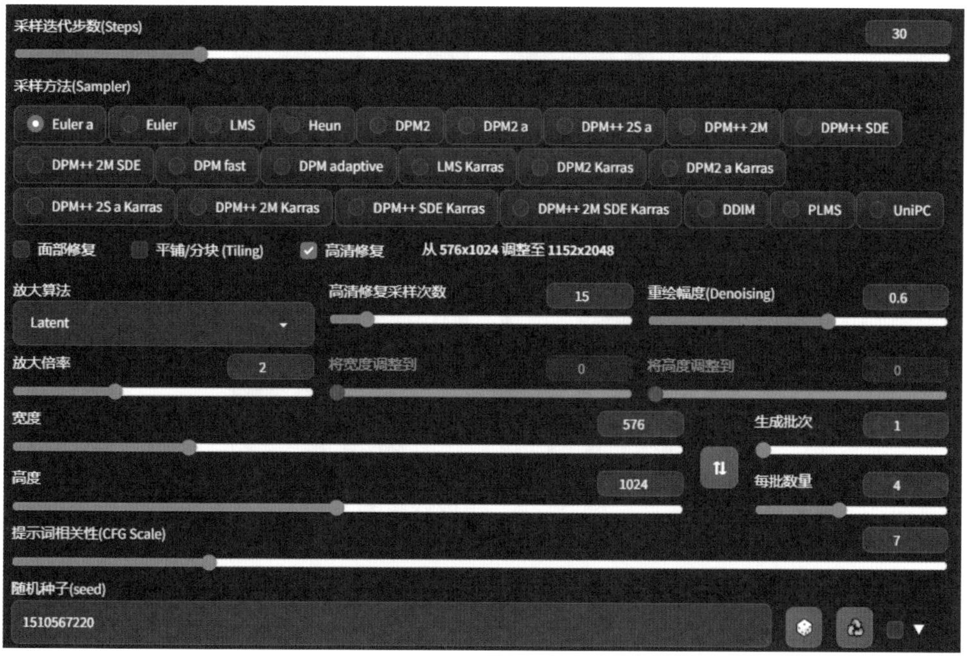

图 5-21　设置参数

⑥在文生图选项卡上，选择可选附加网络（LoRA 插件）的区域，切记要点击启用，并设置 MODEL1 为需要的 LoRA 模型即可，调整 LoRA 模型的权重为 0.6，可以多个 LoRA 模型叠加使用，如图 5-22 所示。最后点击橙色的生成按钮，即可输出图片。

图 5-22　设置 LoRA 模型

⑦欣赏 stable diffusion 生成的 AI 图片作品，如图 5-23 所示。

图 5-23　生成效果图

5.3.3　LyCORIS 模型使用方法

①确认下载 LyCORIS 插件，在扩展选项卡中选择从网址安装，点击安装按

钮，如图 5-24 所示。

图 5-24　安装插件

②下载大模型 ChilloutMix 并选择此大模型，如图 5-25、图 5-26 所示。

图 5-25　下载大模型

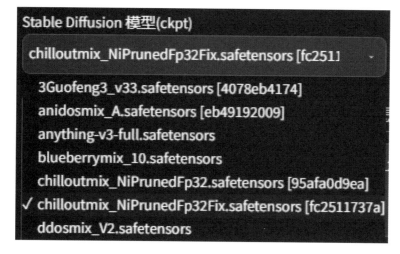

图 5-26　选择大模型

③下载 LyCORIS 模型 Miniature world style 微缩世界风格，如图 5-27 所示。

181

图 5-27　下载 LyCORIS 模型

④将文件放在 Stable Diffusion 安装根目录 /models/LyCORIS 文件夹内，此次的 Stable Diffusion 安装根目录是在 E 盘 AI 目录下，所以模型文件放在 E：AI/models/LyCORIS 下即可，如图 5-28 所示。

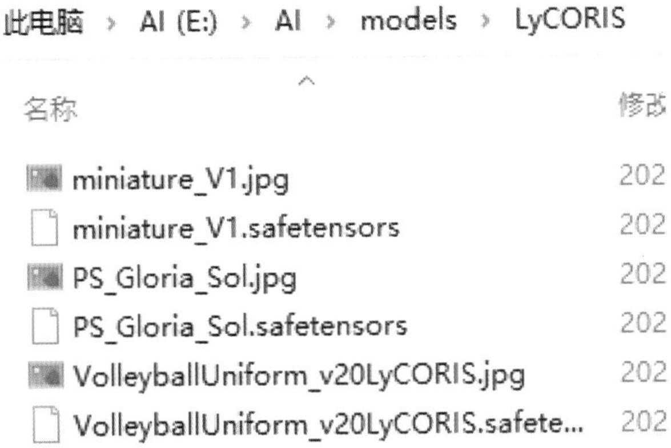

此电脑 ＞ AI (E:) ＞ AI ＞ models ＞ LyCORIS

名称	修改
miniature_V1.jpg	202
miniature_V1.safetensors	202
PS_Gloria_Sol.jpg	202
PS_Gloria_Sol.safetensors	202
VolleyballUniform_v20LyCORIS.jpg	202
VolleyballUniform_v20LyCORIS.safete...	202

图 5-28　保存 LyCORIS 模型

⑤点击 show extra networks 按钮下方的 Generate（图标），转到 LyCORIS 选项卡选择 miniature_V1 这个 LyCORIS 模型，提示词上会出现 <lyco:miniature_V1:1.0>，调整 LyCORIS 模型的权重为 0.8，提示词修改为 <lyco:miniature_V1:0.8>，即 LyCORIS 模型的影响力设置为 80%，可多个 LoRA 模型分别设置权重，如图 5-29 所示。

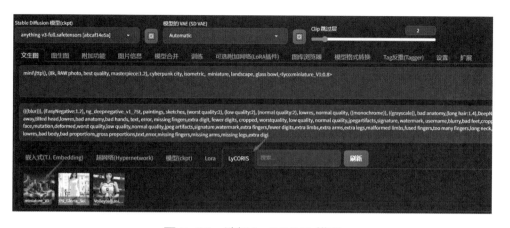

图 5-29　选择 LyCORIS 模型

⑥在提示词中输入需要的提示词，在反向提示词输入不希望出现的提示词，如图 5-30 所示。

图 5-30　输入提示词

⑦使用文生图功能，设置好参数，如图 5-31 所示，点击生成，即可输出图片。

图 5-31　设置参数

183

⑧欣赏 Stable Diffusion 生成的 AI 图片作品，如图 5-32 所示。

图 5-32　生成效果图

5.3.4　文本转化模型使用方法

①下载大模型 ChilloutMix 并选择此大模型，如图 5-33、图 5-34 所示。

图 5-33　下载大模型

图 5-34　选择大模型

②下载文本转化模型 Empire Style，获得触发词，如图 5-35 所示。

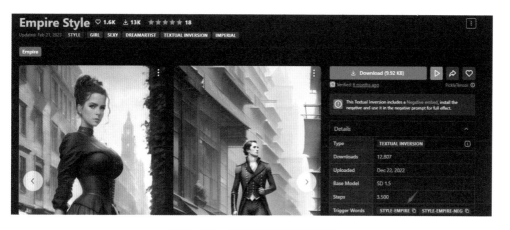

图 5-35　下载文本转化模型

③将文件放在 Stable Diffusion 安装根目录 /embeddings 文件夹内，如图
5-36 所示。

此电脑 › AI (E:) › AI › embeddings

名称

　Place Textual Inversion embeddings ...
　style-empire.pt ◀━━
　style-empire-neg.pt
　style-miaozu-20000.pt
　style-princess.pt
　yaguru magiku.pt

图 5-36　保存文本转化模型

④在提示词中输入触发词 style by 触发词 + 需要的提示词，在反向提示词输
入不希望出现的提示词，如图 5-37 所示。

图 5-37　输入提示词和触发词

⑤使用文生图功能，设置好参数，如图 5-38 所示，点击生成即可输出图片。

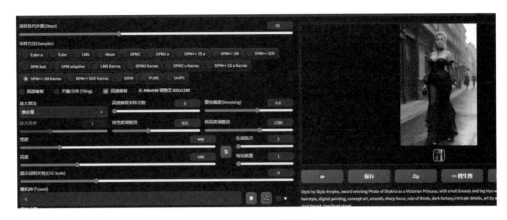

图 5-38　设置参数

5.3.5　通配符模型使用方法

①确认下载通配符插件，扩展选项卡中，从网址安装的仓库网址输入如图 5-39 所示网址，点击安装按钮。

图 5-39　安装插件

②下载大模型 ChilloutMix 并选择此大模型，如图 5-40、图 5-41 所示。

图 5-40　下载大模型

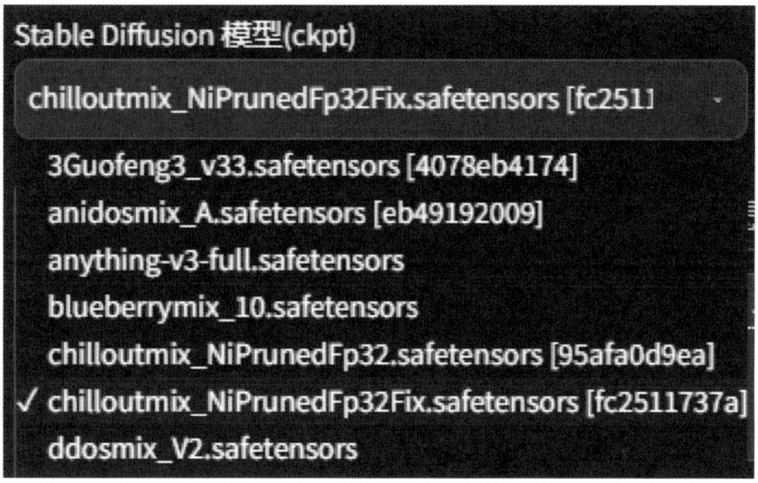

图 5-41　选择大模型

③下载通配符模型 Extremely beautiful clothes，如图 5-42 所示。

图 5-42　下载通配符模型

④将通配符文件放在 Stable Diffusion 安装根目录 /extensions/stable-diffusion-webui-wildcards/wildcards 文件夹内，可在这个文件夹下设置中文子文件夹，分类整理不同类别的提示词通配符，如图 5-43 所示。

图 5-43　保存通配符模型

　　⑤在提示中使用两个英文下画线就可以看到现有的通配符，点击选择即可调用通配符，可点击使用一个或多个通配符来触发生成图片时的单词替换，如图 5-44 所示。例如输入 ___ 触发通配符，接着选择 _2 特征 /hair，实现调用这个文本文档中现有的发型单词来随机替换提示词，如图 5-45 所示，反向提示词中也可使用通配符。

图 5-44　通配符模型触发

图 5-45　通配符模型触发词

　　⑥在提示词输入框输入需要的提示词，在反向提示词输入不希望出现的提示词，记得填写通配符触发词，如图 5-46 所示。

188

图 5-46　输入提示词

⑦使用文生图功能，设置好参数，如图 5-47 所示，点击生成，即可输出图片。

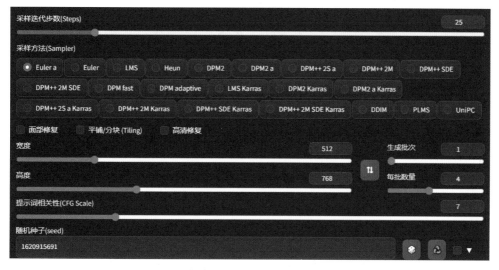

图 5-47　设置参数

⑧欣赏 Stable Diffusion 生成的 AI 图片作品。图 5-48 通过通配符实现了不同的发型展示。

（a）　　　　　　　（b）

189

（c） （d）

图 5-48 生成效果图（发型 1—4）

5.3.6 超网络模型使用方法

①下载大模型 Anything V3 并选择此大模型，如图 5-49、图 5-50 所示。

图 5-49 下载大模型

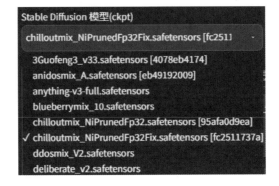

图 5-50 选择大模型

②下载超网络模型，如图 5-51 所示。

图 5-51　下载超网络模型

③将文件放在 Stable Diffusion 安装根目录 /models/hypernetworks 目录下，如图 5-52 所示。

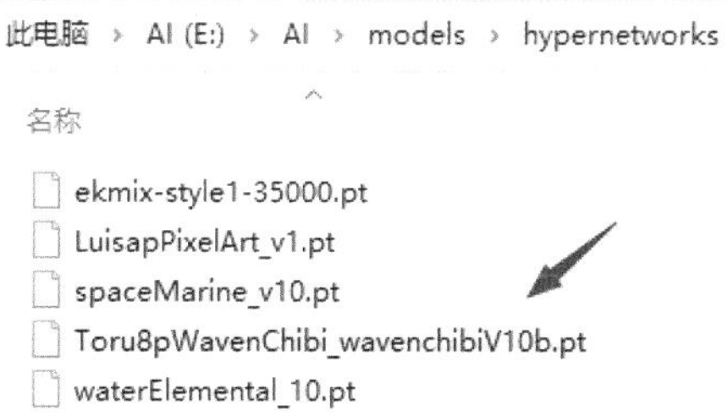

此电脑 > AI (E:) > AI > models > hypernetworks

名称

　ekmix-style1-35000.pt
　LuisapPixelArt_v1.pt
　spaceMarine_v10.pt
　Toru8pWavenChibi_wavenchibiV10b.pt
　waterElemental_10.pt

图 5-52　保存超网络模型

④点击 show extra networks 按钮下方的 Generate（图标），转到超网络（hypernetworks）选项卡，选择 Toru8pWavenChibi_wavenchibiV10b 这个超网络模型，提示词上会出现 <hypernet:Toru8pWavenChibi_wavenchibiV10b:1>，保持不变，如图 5-53 所示。

图 5-53　选择超网络模型

191

⑤在提示词输入框输入需要的提示词，在反向提示词输入不希望出现的提示词，如图 5-54 所示。

图 5-54 输入提示词

⑥使用文生图功能，设置好参数，如图 5-55 所示，点击生成，即可输出图片。

图 5-55 设置参数

⑦欣赏 Stable Diffusion 生成的 AI 图片作品，如图 5-56 所示。

图 5-56 生成效果图

192

5.3.7 美术风格模型使用方法

①确认下载美术风格插件，输入图 5-57 中所示网址，点击安装按钮。

图 5-57 安装插件

②下载并选择大模型 ChilloutMix 并选择此大模型，如图 5-58、图 5-59 所示。

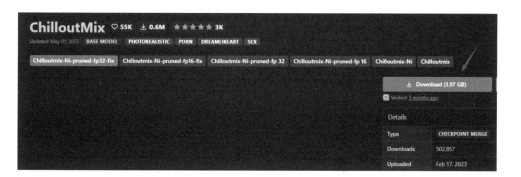

图 5-58 下载大模型

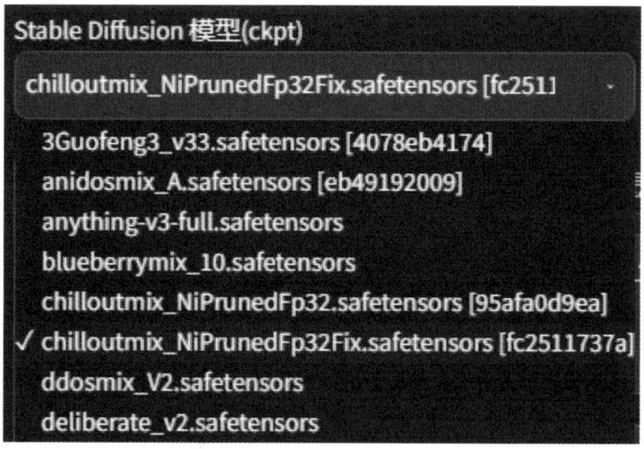

图 5-59 选择大模型

193

③下载美术风格模型 djz Junglepunk Cities，如图 5-60 所示。

图 5-60　下载美术风格模型

④将文件放在 Stable Diffusion 根目录 /extensions/stable-diffusion-webui-
aesthetic-gradients/aesthetic_embeddings 文件夹内，此次 Stable Diffusion
安装根目录是在 E 盘 AI 目录下，所以模型文件放在 E:\AI\extensions\stable-
diffusion-webui-aesthetic-gradients\aesthetic_embeddings 文件夹下，如图
5-61 所示。

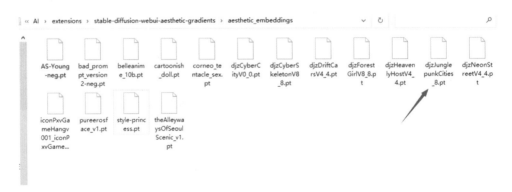

图 5-61　保存美术风格模型

⑤在提示词输入框输入需要的提示词，在反向提示词输入不希望出现的提示
词，如图 5-62 所示。

图 5-62　输入提示词

194

⑥使用文生图功能，设置好参数，如图 5-63 所示。

图 5-63　设置参数

⑦点击"打开以调整 CLIP 的美术风格"这个脚本选项卡，选择美术风格模型，调整美术风格设置，如图 5-64 所示，点击生成按钮即可输出图片。

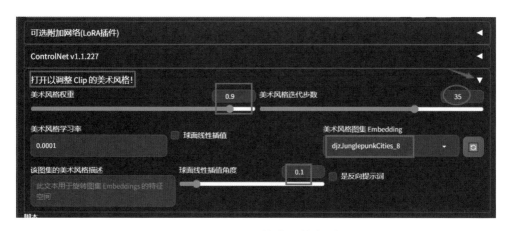

图 5-64　设置美术风格参数

⑧欣赏 Stable Diffusion 生成的 AI 图片作品，如图 5-65 所示。

195

图 5-65　生成效果图

5.4　模型资源

5.4.1　模型下载网站

用户可以到 Civitai 网站（俗称 C 站）下载 Stable Diffusion 的各种模型。Civitai 的目标是创建一个模型分析平台，人们可以在这个平台上分享 Stable Diffusion 的各种模型（文本转化、超网络、美学梯度、大模型等）。该平台允许用户创建一个账户，上传他们的 Stable Diffusion 模型，并浏览其他人共享的模型。用户还可以对彼此的模型发表评论和反馈，以促进模型的升级协作和知识共享。

完成 Civitai 网站的注册流程。登录账户后，网站右上角有个漏斗形的小图标，点击会出现模型种类（Model Types），下载不同类型的模型到电脑上即可。常用的有 7 类 Stable Diffusion 模型：大模型（Checkpoints）、LoRA 模型、LyCORIS 模型、文本转化模型（Textual Inversion）、文本通配符模型（Wildcards）、超网络模型（Hyper Networks）和美学梯度模型（Aesthetic Gradients）。Base model 代表该用户上传模型是基于 Stable Diffusion 官方版本号模型所训练的。

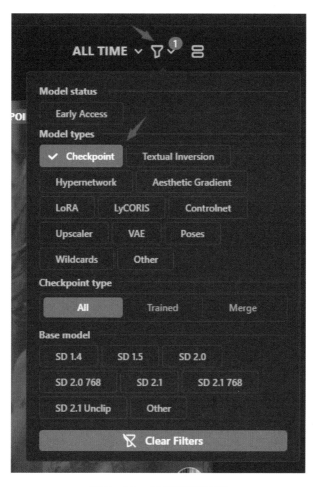

图 5-66　选择模型种类

用户还可以登录 Huggingface 网站下载 Stable Diffusion 的各种模型和数据集。

该网站的第 1 个优势在于拥有 C 站没有的 Stable Diffusion 很多不同版本的官方模型，是下载官方模型的不二之选；第 2 个优势在于不仅提供 Stable Diffusion 的模型下载，还提供很多模型训练所需要的数据集 Datasets；第 3 个优势在于提供很多模型的演示空间 Spaces，让用户不用下载 Stable Diffusion 也能体验功能演示。

5.4.2　模型下载包

将本书第 5 章节中提及的所有 Stable Diffusion 模型整合到百度网盘。

197

图 5-67　模型版本

5.4.3　模型管理

随着模型不断下载，用户势必需要一个方便管理各种模型的工具，在此推荐启动器内置的模型管理功能。

如图 5-68 所示，点击左侧的模型管理选项卡，右侧顶部选项卡会显示常用的 5 类模型，用户可以使用这个软件方便地管理模型。

图 5-68　模型管理

　　打开大模型文件夹，可在这个文件夹下新建一些中文的子文件夹，分类放置不同的大模型，其他类型模型也是同理，如图 5-69 所示。

此电脑 ＞ 本地磁盘 (E:) ＞ AI ＞ models ＞ Stable-diffusion ＞

动漫　　　　官方　　　　卡通　　　　手绘　　　　写实

图 5-69　模型文件夹

5.5　模型推荐

5.5.1　大模型推荐

1. 生成国风二次元的图片建议使用 GuoFeng3 模型，如图 5-70 所示。

2. 生成超写实亚洲人物的图片建议使用 ChilloutMix 模型，如图 5-71 所示。

图 5-70　GuoFeng3 模型生成图　　　图 5-71　ChilloutMix 模型生成图

3. 生成超写实欧美人物图片建议使用 Deliberate 模型，如图 5-72 所示。

4. 生成超写实与计算机图形之间的肖像插图风格图片建议使用 DreamShaper 模型，如图 5-73 所示。

图 5-72　Deliberate 模型生成图　　　图 5-73　DreamShaper 模型生成图

5.5.2 LoRA 模型推荐

1. 生成超写实汉服女生的图片建议使用 hanfu 模型,如图 5-74 所示。

2. 生成国风水墨画图片建议使用 MoXin 模型,如图 5-75 所示。

图 5-74   hanfu 模型生成图　　图 5-75   MoXin 模型生成图

3. 生成卡通盲盒图片建议使用 blindbox 模型,如图 5-76 所示。

4. 生成线稿漫画图片建议使用 Anime Lineart 模型,如图 5-77 所示。

图 5-76   blindbox 模型生成图　　图 5-77   Anime Lineart 模型生成图

5. 生成小人书风格图片建议使用 xiaorenshu 模型，如图 5-78 所示。

6. 生成儿童卡通图片建议使用 KIDS ILLUSTRATION 模型，如图 5-79 所示。

图 5-78　xiaorenshu
模型生成图

图 5-79　KIDS ILLUSTRATION
模型生成图

5.5.3　LyCORIS 模型推荐

1. 生成微缩世界风格的图片建议使用 Miniature world style 模型，如图 5-80 所示。

2. 生成正常手部二次元图图片建议使用 EnvyBetterHands LoCon 模型，如图 5-81 所示。

图 5-80　Miniature world style
模型生成图

图 5-81　EnvyBetterHands
LoCon 模型生成图

3. 生成盒中少女图片建议使用 girl in box 模型，如图 5-82 所示。

4. 生成拍立得图片建议使用 Instant photo 模型，如图 5-83 所示。

图 5-82　girl in box 模型生成图　　图 5-83　Instant photo 模型生成图

5. 生成卡通汉服图片建议使用 songzhi-hanfu 模型，如图 5-84 所示。

6. 生成巫师图片建议使用 Black Mage Fashion 模型，如图 5-85 所示。

图 5-84　songzhi – hanfu　　图 5-85　Black Mage Fashion
　　　　模型生成图　　　　　　　　模型生成图

5.5.4 文本转化模型推荐

1. 生成女王范图片建议使用 Princess Style 模型，触发词是 STYLE-PRINCESS，如图 5-86 所示。

2. 生成苗族风格的人物图片建议使用 style-miaozu 模型，触发词是 STYLE-MIAOZU-20000，如图 5-87 所示。

图 5-86　Princess Style　　　图 5-87　style-miaozu
模型生成图　　　　　　　　模型生成图

3. 生成特殊风格大头卡通人物图片建议使用 cartoonish_doll 模型，触发词是 cartoonish_doll，如图 5-88 所示。

4. 生成文艺复兴风格图片建议使用 Renaissance Style 模型，触发词是 Style-Renaissance，如图 5-89 所示。

图 5-88　cartoonish_doll　　　图 5-89　Renaissance Style
模型生成图　　　　　　　　　模型生成图

5.5.5 通配符模型推荐

1. 生成不同的服装建议使用 Peaksel Wildcards 模型，如图 5-90 所示。

2. 生成不同发型和颜色的图片建议使用 Hairstyles and color wildcards 模型，如图 5-91 所示。

图 5-90　Peaksel Wildcards　　图 5-91　Hairstyles and color
　　　模型生成图　　　　　　　wildcards 模型生成图

3. 生成不同风格的婚纱图片建议使用 Wedding dress wildcard 模型，如图 5-92 所示。

4. 生成不同针织衫的图片建议使用 Knit wildcards 模型，如图 5-93 所示。

图 5-92　Wedding dress　　　图 5-93　Knit wildcards
　　wildcard 模型生成图　　　　　　模型生成图

5.5.6 超网络模型推荐

1. 生成星际战士画风图片建议使用 Space Marine 模型，如图 5-94 所示。

2. 生成抽象绘画画风图片建议使用 Abstract Painting 模型，如图 5-95 所示。

图 5-94　Space Marine
模型生成图

图 5-95　Abstract Painting
模型生成图

3. 生成像素风画风图片建议使用 Pixel art 模型，如图 5-96 所示。

4. 生成表情包画风图片建议使用 Waven Chibi Style 模型，如图 5-97 所示。

图 5-96　Pixel art 模型生成图

图 5-97　Waven Chibi Style 模型生成图

5. 生成水元素画风图片建议使用 Water Elemental 模型，如图 5-98 所示。

6. 生成老上海海报画风图片建议使用 Vintage Chinese Advertising and Propaganda 模型，如图 5-99 所示。

图 5-98　Water Elemental　　　图 5-99　Vintage Chinese Advertising
模型生成图　　　　　　and Propaganda 模型生成图

5.5.7　美术风格模型推荐

1. 生成赛博城市画风图片建议使用 Cyber City 模型，如图 5-100 所示。

2. 生成丛林城市画风图片建议使用 Junglepunk Cities 模型，如图 5-101 所示。

图 5-100　Cyber City 模型生成图　　　图 5-101　Junglepunk Cities 模型生成图

207

3. 生成霓虹灯街道画风图片建议使用 Neon Street 模型，如图 5-102 所示。

4. 生成天使画风图片建议使用 Heavenly Host 模型，如图 5-103 所示。

图 5-102　Neon Street 模型生成图　　图 5-103　Heavenly Host 模型生成图

5. 生成车辆漂移画风图片建议使用 Drift Cars 模型，如图 5-104 所示。

6. 生成丛林女孩画风图片建议使用 djz Forest Girl 模型，如图 5-105 所示。

图 5-104　Drift Cars 模型生成图　　　图 5-105　djz Forest Girl 模型生成图

第三部分

变现篇

第6章
Stable Diffusion 摄影行业变现

6.1 应用场景

通过学习本章节，用户可低成本地制作出非常有质感的"照片"实现变现。

在 AI 绘画还没有这么发达的 2022 年，拍摄照片需要摄影师、灯光师、化妆师、造景师、模特亲自到现场拍摄，至少需要 5 个人才能完成专业的拍摄工作。自从 2023 年以来 AI 绘画软件强势介入，可以通过 AI 绘画软件降本增效，原本需要 5 个人的工作，现在只需 1 个人设置好提示词、模型和参数，就可以方便高效地产出照片，而且不用担心地域和光线的影响，也不用担心缺少高昂的灯光设备的影响等。

摄影作品分类

（1）实用摄影：人像摄影，宠物摄影，风光摄影，美食摄影，儿童摄影，静物摄影，人文摄影，运动摄影，新闻摄影，科技摄影，军事摄影，农业摄影，文体摄影、生活摄影，建筑摄影，广告摄影，商业摄影，高速摄影、长曝光摄影，航拍摄影等。

（2）非实用摄影：艺术摄影，实验摄影，抽象摄影，概念摄影，特殊光摄影，纪念摄影，纪实摄影等。

使用 AI 的优势

（1）减少人力消耗：原本需要 5 个人（摄影师、灯光师、化妆师，制景师、模特），而现在只需 1 个人设置好提示词、模型和参数的组合，就可以快速方便高效产出照片。

（2）减少成本消耗：传统的照片获得途径一般有 2 种。第 1 种是找摄影团队拍摄，费用较贵；第 2 种是在摄影图库网站下载，摄影图库网站大多都是收费的。使用 Stable Diffusion 做出属于自己的摄影照片，可以节省购买图片的费用。

（3）解决版权问题：使用搜索引擎搜索出来的摄影图片一般是没有获得版权的，一旦使用会存在版权纠纷。使用 Stable Diffusion 做出属于自己的摄影照片，可以解决图片版权的问题。

（4）创作更自由：通过 Stable Diffusion 可以自由发挥创造自己的想法，创造出全新的照片视觉效果。

（5）不担心真实的地域影响：即使身在炎热的南方，也能让 AI 生成冰天雪地的照片。

（6）不担心自然光线的影响：即使身在漆黑的夜晚，也能让 AI 生成阳光明媚的照片。

（7）不担心缺少高昂的灯光设备的影响：即使没有灯光设备，也能生成自己想要的照片。

（8）不担心缺少高昂的摄影器材的影响：即使没有摄影器材，也能生成自己想要的照片。

（9）不担心模特坐地起价的影响：即使没有模特，也能让 AI 生成 AI 模特的照片。

（10）不担心化妆师需要花费时间给模特化妆的影响：即使没有化妆师，AI 控制可给 AI 模特照片自动化妆。

（11）不担心造景师高昂的人工的影响：即使没有造景师，也能让 AI 生成你期望的场景照片。

使用 AI 的劣势

（1）照片没有原始拍摄底片。

（2）画面中主体多的时候需使用 ControlNet 控制，否则不太好控制多个主体。

213

摄影行业案例如图 6-1 所示。

图 6-1　摄影行业案例

6.2 人像摄影实操

6.2.1 实操逻辑

第1步：构思生成人像摄影图片的所有细节内容

用户需要仔细构思自己期望生成图片中的所有细节内容，用长句或者单词表述都可以。

第2步：打开提示词构思表格填写提示词

熟悉并理解提示词结构公式，将构思画面内容分类填写到提示词表格中的三大部分：主题，细节，修饰。

第3步：选择并下载合适模型

例如提示词需要表现的是真实的女性，选择的模型就必须是写实类型模型，例如 Realistic Vision。

第4步：调整参数

例如需要生成的图片更写实，调整采样方式为 DPM++2M Karras。

6.2.2 实操方法

（1）打开提示词构思表格，用户按照自己希望展示的画面内容，分主题、细节和修饰三大方向去填写表格的 15 个单元格的内容，如果某一个小的单元格没有内容留空即可。在此以图 6-2 为例，填写提示词构思表格，如表 6-1 所示。

图 6-2　参考图

215

表 6-1　提示词构思表格

大类	小类	英文提示词	中文解释
主题	主体	portrait photo of antjeT1	antjeT1 的肖像照片
	环境	/	/
	时间	/	/
	动作	/	/
	情绪	naughty	顽皮表情
细节	类型	portrait photo, alluring portrait	肖像照片，迷人的肖像
	特征	blue and green striped shirt, dirty blonde hair	蓝绿色条纹衬衫，杂乱的金发
	灯光	cinematic lighting	电影照明
	摄影	sharp focus	锐利聚焦
	材质	/	/
修饰	风格	digital painting，illustration, concept art	数字绘画，插图，概念艺术
	艺术家	art by artgerm and greg rutkowski, alphonse mucha	艺术家 artgerm 和 greg rutkowski，艺术家 alphonse mucha
	色彩	cgsociety,artstation	cgsociety 网站作品风格，artstation 网站作品风格
	画质	intricate, highly detailed	复杂，高度详细
	特殊	/	/

（2）打开 Stable Diffusion 软件，选择文生图选项卡，在红色区域填写正向提示词，在绿色区域填写反向提示词，如图 6-3 所示。

图 6-3　输入提示词

正向提示词英文：

portrait photo of antjeT1 ,(blue and green striped shirt), (dirty blonde hair), alluring portrait, intricate, highly detailed, digital painting, artstation, concept art, naughty, sharp focus, cinematic lighting, illustration, art by artgerm and greg rutkowski, alphonse mucha, cgsociety

正向提示词中文翻译：

antjeT1 的肖像照片，(蓝绿色条纹衬衫)，(杂乱的金发)，迷人的肖像，复杂，高度详细，数字绘画，artstation 网站作品风格，概念艺术，顽皮表情，锐利聚焦，电影照明，插图，艺术家 artgerm 和 greg rutkowski，艺术家 alphonse mucha，cgsociety 网站作品风格

（3）本次画面内容需要表现的是写实风格，模型推荐使用 Realistic Vision 写实风格模型，如图 6-4 所示。

图 6-4　下载模型

（4）将模型文件放在 Stable Diffusion 安装根目录 /models/Stable-diffusion 文件夹内，此次 Stable Diffusion 安装根目录是在 E 盘 AI 目录下，所以模型文件放在 E:AI/models/Stable-diffusion 下即可，用户可自行在此文件夹下建立不同类别的中文子文件夹，方便分类整理大模型，如图 6-5 所示。

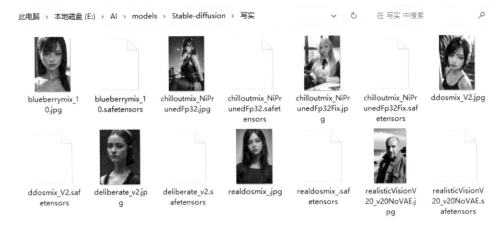

图6-5 保存模型

（5）打开Stable Diffusion软件，左上角选择Realistic Vision模型，如图6-6所示。

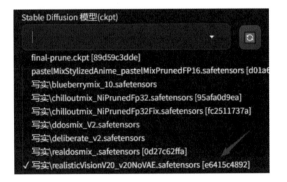

图6-6 选择模型

（6）按照表6-2、图6-7设置参数，设置完参数点击右上角的橙色生成按钮，Stable Diffusion会自动生成图片。

表6-2 设置参数

参数名	参数设置
采样迭代步数	20
采样方法	DPM++2S a Karras
宽度 × 高度	512×768
每批数量	4
提示词相关性	7
随机种子	1912405688

图6-7 设置参数

（7）欣赏用 Stable Diffusion 制作的图片，如图6-8所示。

这类写实人物图片可以发布到小红书、抖音、视频号等公域流量平台，引导客户知识付费学习 AI 绘画制作技术，或引导有拍摄类似图片需求的个人或企业客户付费制作图片。

（a） （b）

图6-8 生成效果图

6.2.3 思维拓展

小技巧

用户可以使用近义词，举一反三来达到相似的画面效果，不用死记硬背提示词。可以把细节丰富（highly detailed）换成近义词 Fine details，锐利聚焦（sharp focus）换成近义词 Strong focusing，相机（taken with Canon）换成近义词 Canon shooting。生成的图片画面风格和效果还是基本保持一致的，如图 6-9 所示。

（a）　　　　　　　　　　　　　（b）

图 6-9　生成效果图

思维拓展 1

大家只需把提示词中的 portrait photo of antjeT1（antjeT1 的肖像照片）替换为 portrait photo of young sunny man（年轻阳光男子的肖像照），其他提示词和参数保持不变，生成的效果图如图 6-10 所示。

（a） （b）

图 6-10　生成效果图

思维拓展 2

　　只需把提示词中的 portrait photo of antjeT1（antjeT1 的肖像照片）替换为 portrait photo of 8 age boy（8 岁小男孩的肖像照片），其他提示词和参数保持不变，生成的效果图如图 6-11 所示。

（a） （b）

图 6-11　生成效果图

6.3　宠物摄影实操

6.3.1　实操逻辑

第1步：构思生成宠物摄影图片的所有细节内容

用户需要仔细构思自己期望生成图片中的所有细节内容，用长句或者单词表述都可以。

第2步：打开提示词构思表格填写提示词

熟悉并理解提示词结构公式，将构思画面内容分类填写到提示词表格中的三大部分：主题、细节和修饰。

第3步：选择并下载合适的模型

例如提示词需要表现的是真实的动物，选择的模型就必须是写实类模型，例如 Realistic Vision。

第4步：调整参数

如果需要生成的图片更写实，调整采样方式为 DPM++2M Karras。

6.3.2　实操方法

（1）打开提示词构思表格，按照自己希望展示的画面内容，分主题、细节和修饰三大方向填写表格的 15 个单元格的内容，如果某一个小的单元格没有内容留空即可。在此以图 6-12 为例，填写提示词构思表格，如表 6-3 所示。

图 6-12　参考图

表 6-3　提示词构思表格

大类	小类	英文提示词	中文解释
主题	主体	close up photo of a dog	小狗的特写照片
	环境	forest, haze	森林，薄雾
	时间	/	/
	动作	/	/
	情绪	/	/
细节	类型	photo	照片
	特征	bloom	花朵绽放
	灯光	halation	阳光光晕
	摄影	centred, rule of thirds，200mm 1.4f macro shot	居中，三分法构图，200mm /1.4f 微距拍摄
	材质	/	/
修饰	风格	dramatic atmosphere	戏剧性的气氛
	艺术家	/	/
	色彩	/	/
	画质	/	/
	特殊	/	/

（2）打开 Stable Diffusion 软件，选择文生图选项卡，在红色区域填写正向提示词，在绿色区域填写反向提示词。

图 6-13　输入提示词

正向提示词英文：

close up photo of a dog, forest, haze, halation, bloom, dramatic atmosphere, centred, rule of thirds, 200mm 1.4f macro shot

正向提示词中文翻译：

狗的特写照片，森林，薄雾，阳光光晕，花朵绽放，戏剧性的气氛，居中，三分法构图，200mm /1.4f 微距拍摄

223

（3）本次画面内容需要表现的是写实风格，模型推荐使用 Realistic Vision 写实风格模型，如图 6-14 所示。

图 6-14　下载模型

（4）将模型文件放在 Stable Diffusion 安装根目录 /models/Stable-diffusion 文件夹内，此次 Stable Diffusion 安装根目录是在 E 盘 AI 目录下，所以模型文件放在 E:AI/models/Stable-diffusion 下即可，用户可自行在此文件夹下建立不同类别的中文子文件夹，方便分类整理大模型，如图 6-15 所示。

图 6-15　保存模型

（5）打开 Stable Diffusion 软件，左上角选择 Realistic Vision 模型，如图 6-16 所示。

图 6-16　选择模型

（6）按照表 6-4、图 6-17 设置参数，设置完参数点击右上角的橙色生成按钮，Stable Diffusion 会自动生成图片。

表 6-4　设置参数

参数名	参数设置
采样迭代步数	25
采样方法	Euler a
宽度 × 高度	512×768
每批数量	4
提示词相关性	7
随机种子	2299724292

图 6-17　设置参数

225

（7）欣赏 Stable Diffusion 制作的图片，如图 6-18 所示。

这类写实宠物图片可以发布到小红书、抖音、视频号等公域流量平台，引导客户付费学习 AI 绘画制作技术，或引导有拍摄类似图片需求的个人或企业客户付费制作图片。

（a）　　　　　　　　　　　（b）

图 6-18　生成效果图

6.3.3　思维拓展

思维拓展 1

只需把提示词中的 close up photo of a dog（小狗的特写照片）替换为 close up photo of a cat（猫的特写照片），其他提示词和参数保持不变，生成的效果图如图 6-19 所示。

（a） （b）

图 6-19　生成效果图

思维拓展 2

　　只需把提示词中的 close up photo of a dog（小狗的特写照片）替换为 close up photo of a rabbit（兔子的特写照片），其他提示词和参数保持不变，生成的效果图如图 6-20 所示。

（a） （b）

图 6-20　生成效果图

227

6.4 美食摄影实操

6.4.1 实操逻辑

第 1 步：构思生成美食摄影图片的所有细节内容

用户需要仔细构思自己期望生成图片中的所有细节内容，用长句或者单词表述都可以。

第 2 步：打开提示词构思表格填写提示词

熟悉并理解提示词结构公式，将构思画面内容分类填写到提示词表格中的三大部分：主题、细节和修饰。

第 3 步：选择并下载合适模型

例如提示词需要表现的是真实的美食，选择的模型就必须是写实类型模型，例如 Realistic Vision。

第 4 步：调整参数

例如需要生成的图片更写实，调整采样方式为 DPM++2M Karras。

6.4.2 实操方法

（1）打开提示词构思表格，用户按照自己希望展示的画面内容，以主题、细节和修饰三大方向去填写表格的 15 个单元格的内容，如果某一个小的单元格没有内容留空即可。在此以图 6-21 为例，填写提示词构思表格，如表 6-5 所示。

图 6-21　参考图

表6-5　提示词构思表

大类	小类	英文提示词	中文解释
主题	主体	yummy beef grill steak	美味的烤牛排
	环境	/	/
	时间	/	/
	动作	/	/
	情绪	/	/
细节	类型	food photograph	食物照片
	特征	food styling	食物造型
	灯光	/	/
	摄影	F 11，long shot, lens 85 mm	光圈11，长镜头，85毫米焦距镜头
	材质	/	/
修饰	风格	摄影棚照片	studio photograph
	艺术家	/	/
	色彩	octane render	octane 渲染器渲染图片风格
	画质	ultra detailed，8k	超详细，8k
	特殊	/	/

（2）打开 Stable Diffusion 软件，选择文生图选项卡，在红色区域填写正向提示词，在绿色区域填写反向提示词，如图6-22所示。

图6-22　输入提示词

正向提示词英文：

yummy beef grill steak, food photograph, food styling, long shot, lens 85 mm, f 11, studio photograph, ultra detailed, octane render, 8k

正向提示词中文翻译：

美味的烤牛排，食物照片，食物造型，长镜头，85毫米焦距镜头，光圈11，摄影棚照片，超详细，octane 渲染器渲染图片风格，8k

229

（3）本次画面内容需要表现的是写实风格，模型推荐使用 Realistic Vision 写实风格模型，如图 6-23 所示。

图 6-23　下载模型

（4）将模型文件放在 Stable Diffusion 安装根目录 /models/Stable-diffusion 文件夹内，在此 Stable Diffusion 安装根目录是在 E 盘 AI 目录下，所以模型文件放在 E:AI/models/Stable-diffusion 下即可，用户可自行在此文件夹下建立不同类别的中文子文件夹，方便分类整理大模型，如图 6-24 所示。

图 6-24　保存模型

（5）打开 Stable Diffusion 软件，左上角选择 Realistic Vision 模型，如图 6-25 所示。

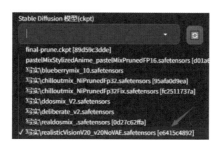

图 6-25　选择模型

（6）按照表 6-6、图 6-26 设置参数，设置完参数点击右上角的橙色生成按钮，Stable Diffusion 会自动生成图片。

表 6-6　设置参数

参数名	参数设置
采样迭代步数	25
采样方法	DPM++ 2S a Karras
宽度 × 高度	512×768
每批数量	4
提示词相关性	7
随机种子	−1

图 6-26　设置参数

（7）欣赏 Stable Diffusion 制作的图片，如图 6-27 所示。

这类写实美食图片可以发布到小红书、抖音、视频号等公域流量平台，引导客户学习 AI 绘画制作技术，或引导有拍摄类似图片需求的个人或企业客户（例如餐馆、食品生产企业等）付费制作图片。

（a）　　　　　　　　　（b）

图 6-27　生成效果图

6.4.3　思维拓展

思维拓展

　　只需把提示词中的 yummy beef grill steak（美味的烤牛排）替换为 yummy grilled skewers（美味的烤串），其他提示词和参数保持不变，生成的效果图如图 6-28 所示。

232

（a）　　　　　　　　　　（b）

图 6-28　生成效果图

6.5　风光摄影实操

6.5.1　实操逻辑

第 1 步：构思生成风光摄影图片的所有细节内容

用户需要仔细构思自己期望生成图片中的所有细节内容，用长句或者单词表述都可以。

第 2 步：打开提示词构思表格填写提示词

熟悉并理解提示词结构公式，将构思画面内容分类填写到提示词表格中的三大部分：主题、细节和修饰。

第 3 步：选择并下载合适的模型

例如提示词需要表现的是真实的风光，选择的模型就必须是写实类型

233

模型，例如 Realistic Vision。

第 4 步：调整参数

例如需要生成的图片更写实，调整采样方式为 DPM++ 2M Karras。

6.5.2 实操方法

（1）打开提示词构思表格，用户按照自己希望展示的画面内容，分主题、细节，修饰三大方向去填写表格的 15 个单元格的内容，如果某一个小的单元格没有内容留空即可。在此以图 6-29 为例，填写提示词构思表格，如表 6-7 所示。

图 6-29　参考图

表 6-7 提示词构思表格

大类	小类	英文提示词	中文解释
主题	主体	beautiful Chinese flower garden	美丽的中国花园
	环境	elegant bridges, waterfalls,	优美的桥梁，瀑布
	时间	/	/
	动作	/	/
	情绪	/	/
细节	类型	landscapes photograph	风景照片
	特征	/	/
	灯光	lumen reflections	流明反射
	摄影	long range view	远景
	材质	/	/
修饰	风格	dramatic，elegant, ornate	激动人心的，优雅，华丽
	艺术家	by Ismail Inceoglu	艺术家 Ismail Inceoglu
	色彩	cool Color palette, unreal engine	冷色调，虚幻引擎风格的图片
	画质	megapixel, insanely detailed and intricate, hypermaximalist, hyper realistic, super detailed	百万像素，极其细致而复杂，超最大化，超逼真，超详细

（2）打开 Stable Diffusion 软件，选择文生图选项卡，在红色区域填写正向提示词，在绿色区域填写反向提示词。

正向提示词英文：

landscapes photograph,long range view, Beautiful chinese flower garden, elegant bridges, waterfalls, Dramatic, Cool Color Palette, Megapixel, Lumen Reflections, insanely detailed and intricate, hypermaximalist, elegant, ornate, hyper realistic, super detailed, unreal engine,by Ismail Inceoglu

正向提示词中文翻译：

风景照片，远景，美丽的中国花园，优美的桥梁，瀑布，激动人心的，冷色调，百万像素，流明反射，极其细致而复杂，超最大化，优雅，华丽，超逼真，超详细，虚幻引擎风格的图片，艺术家 Ismail Inceoglu

（3）本次画面内容需要表现的是写实风格，模型推荐使用 Realistic Vision 写实风格模型，如图 6-30 所示。

图 6-30　下载模型

（4）将模型文件放在 Stable Diffusion 安装根目录 /models/Stable-diffusion 文件夹内，此次 Stable Diffusion 安装根目录是在 E 盘 AI 目录下，所以模型文件放在 E:AI/models/Stable-diffusion 下即可，用户可自行在此文件夹下建立不同类别的中文子文件夹，方便分类整理大模型，如图 6-31 所示。

图 6-31　保存模型

（5）打开 Stable Diffusion 软件，在左上角选择 Realistic Vision 模型，如图 6-32 所示。

图 6-32 选择模型

（6）按照表 6-8、图 6-33 设置参数，设置完参数点击右上角的橙色生成按钮，Stable Diffusion 会自动生成图片。

表 6-8 设置参数

参数名	参数设置
采样迭代步数	30
采样方法	DPM++ 2S a Karras
宽度 × 高度	512×768
每批数量	4
提示词相关性	7
随机种子	-1

图 6-33 设置参数

（7）欣赏 Stable Diffusion 制作的图片，如图 6-34 所示。

这类写实风景图片可以发布到小红书、抖音、视频号等公域流量平台，引导客户学习 AI 绘画制作技术，或引导有拍摄类似图片需求的个人或企业客户（旅游景区，风景名胜区等）付费制作图片。

（a）　　　　　　　　　　（b）

图 6-34　生成效果图

6.5.3　思维拓展

思维拓展

　　大家只需把提示词中的 Beautiful Chinese flower garden（美丽的中国花园）替换为 Beautiful Chinese high mountain（美丽的中国高山），其他提示词和参数保持不变，生成的效果图如图 6-35 所示。由于提示词中还有桥梁和瀑布，而桥梁提示词靠前图片中会重点融合高山和桥梁，瀑布提示词靠后图片中出现的可能较少。

（a）　　　　　　　　　　　（b）

图 6-35　生成效果图

6.6　模型推荐

摄影行业模型推荐

摄影行业需要照片质感的写实类模型，civitai 网站有 3847 个模型和写实照片有关，作者精选 8 个常用写实类照片模型。

1. 生成超写实亚洲人物的图片推荐使用 ChilloutMix 模型，如图 6-36 所示。

2. 生成超写实亚洲人物的图片推荐使用 Henmix_Real 模型，如图 6-37 所示。

图 6-36　ChilloutMix 模型生成图　　图 6-37　Henmix_Real 模型生成图

3. 生成超写实欧美人物图片推荐使用 Deliberate 模型，如图 6-38 所示。

4. 生成超写实欧美人物图片推荐使用 CyberRealistic 模型，如图 6-39 所示。

图 6-38　Deliberate 模型生成图　　图 6-39　CyberRealistic 模型生成图

5. 生成超写实欧美人物与计算机图形融合的肖像插图风格图片推荐使用

DreamShaper 模型，如图 6-40 所示。

6. 生成超写实亚洲人物与计算机图形融合的肖像插图风格图片推荐使用 NeverEnding Dream 模型，如图 6-41 所示。

图 6-40　DreamShaper 模型生成图　图 6-41　NeverEnding Dream 模型生成图

7. 生成超写实欧美人物或超写实动物图片推荐使用 Realistic Vision 模型，如图 6-42 所示。

8. 生成超写实食物图片推荐使用 Food Photography LoRA 模型，如图 6-43 所示。

图 6-42　Realistic Vision 模型生成图　图 6-43　Food Photography LoRA 模型生成图

6.7　提示词推荐

摄影行业有 6 大类推荐提示词（摄影师、摄影类型、相机、光线、镜头、角度）

摄影师

安妮·莱博维茨（Annie Leibovitz）、多罗西娅·兰格（Dorothea Lange）、塞西尔·比顿（Cecil Beaton）、哈尔斯曼（Halsman）、安格斯·麦克比恩（Angus McBean）、伊芙·阿诺德（Eve Arnold）、欧文·佩恩（Irving·Penn）、贝伦尼斯·阿博特（Berenice Abbott）等。

摄影类型

高速摄影（High-speed photography）、延时摄影（time-lapse photography）、航拍（aerial photography）、光涂鸦（light graffiti）、商业视觉摄影（commercial visual photography）等。

相机

运动相机拍摄（GoPro）、无人机拍摄（Drone）、宝丽来相机拍摄（polaroid）、佳能 EOS-1DX Mark III 相机拍摄（Canon EOS-1DX Mark III shooting）、尼康 Z8 相机拍摄（Nikon Z8 shooting）、徕卡 SL2 相机拍摄（Leica SL2 shooting）等。

光线

光晕效果（bloom）、神光效果（god rays）、硬阴影（hard shadows）、工作室灯光（studio lighting）、柔和灯光（soft lighting）、漫射光（diffused lighting）、边缘光（rim lighting）、体积光（volumetric lighting）、高光（specular lighting）、电影级灯光（cinematic lighting）、发光（luminescence）、半透明效果（translucency）、次表面散射（subsurface scattering）、全局光照（global illumination）、间接光（indirect light）、光辐射线（radiant light rays）、生物发光效果（bioluminescent details）、电影胶片效果（ektachrome）、发光的（glowing）、闪烁的光线（shimmering light）、光环效果（halo）、彩虹

色效果（iridescent）、光线折射效果（caustics）、逆光（Backlighting）、顺光
（Front Lighting）、剪影（Silhouette）、顶光（Top Lighting）、舞台光（Stage
Lighting）、伦勃朗光（Rembrandt Lighting）、丁达尔光（Tyndall Lighting）、
自然光（Natural Lighting）等。

镜头

蔡司镜头（Zeiss lens）、佳能镜头（Canon lens）、奥林巴斯
（Olympus）、鱼眼镜头（fisheye lens）、广角（wide angle）、中景（medium
shot）、景深（depth of field DOF），高感光度（high sensitivity），低感
光度（low sensitivity）等。

角度

第一人称视角（POV）、仰拍（Upward shot/from above）、俯拍
（downward shot from below）、极低角度（extremely low angle）、动态
视角（dynamic angle）、特写（close-up）、鸟瞰图（Aerial View）等。

用户可筛选摄影师模型展示不同摄影师的拍照风格，如图 6-44 所示。

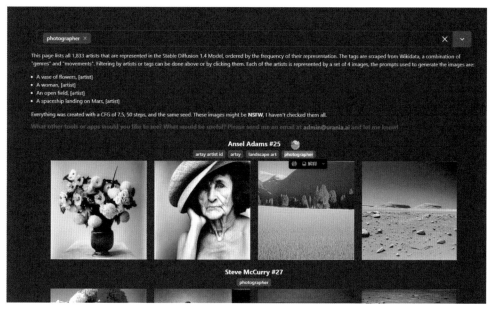

图 6-44　不同艺术家的风格预览

7.1　应用场景

通过学习这个章节，用户可低成本地制作出有质感的"动漫作品"实现变现。

现在有很多 AI 绘画工具可以帮助没有美术基础的人士制作动漫作品，这些工具使用人工智能来生成漫画作品或动画作品。这些工具可以自动填充颜色、绘制线条和背景，甚至可以生成角色和场景。然而，使用 AI 绘画工具制作动漫作品并不是一件简单的事情，如果用户具备一定的绘画技能和艺术知识，那么制作出高质量作品的可能性就高。此外，良好的创意和故事情节也是制作动漫作品的重要因素。因此，如果用户想通过 AI 绘画工具制作动漫作品，建议先简单了解一些基础的艺术知识，并参考一些优秀的动漫作品进行学习和借鉴，同时也需要了解和熟悉常见的 AI 绘画软件操作方法。

动漫作品分类

（1）按照目标受众分类：儿童动漫、青年动漫、成人动漫等。

（2）按照题材分类：武侠、神话、历史、童话、游戏改编等。

（3）按照故事情节分类：冒险、爱情、友情、成长、励志等。

（4）按照制作周期分类：长篇漫画、短篇漫画、单集漫画、系列漫画等。

使用 AI 的优势

（1）提高效率。原来制作一部动画或漫画需要一个 11 个人的团队（制片人、原作者、编剧、分镜师、漫画家、动画师、原画师、上色师、音乐制作人、配音、后期制作人），现在可以减少一部分人力，并且可以大大提高生成制作动漫作品的效率，使用 AI 绘画软件设置好"提示词 + 模型 + 参数"的组合，可以方便高效地产出动画或漫画作品。

（2）降低成本。从个人的角度而言，之前获得动画或者漫画的途径一般是去番剧、国创、漫画等网站充值会员观看相应的动画或者漫画，现在使用 Stable Diffusion 可以做出属于自己的漫画或者动画作品，也能节省购买相应会员的费用；从企业的角度而言，可以使用 AI 绘画软件更低成本地创建动画或漫画作品。

（3）解决版权问题。使用百度搜索出来的动漫图片存在版权风险，一旦使用可能会存在版权纠纷。使用 Stable Diffusion 做出属于自己的动画或者漫画作品，可以解决版权问题。

（4）创作更自由。通过 Stable Diffusion 可以自由发挥创造自己的想法，创造出令人耳目一新的动漫作品。

使用 AI 劣势

（1）动画或漫画作品没有原始文件，后期修改不方便。

（2）画面中主体多的时候需使用 Controlnet 控制，否则不太好控制多个主体。

7.2　动漫人物实操

7.2.1　实操逻辑

第 1 步：构思生成动漫类型人像图片的所有细节内容

用户需要仔细构思自己期望生成图片中的所有细节内容，用长句或者单词表述都可以。

第2步：打开提示词构思表格填写提示词

熟悉并理解提示词结构公式，将构思画面内容分类填写到提示词表格中的三大部分：主题（动漫人物）、细节和修饰。

第3步：选择并下载合适的模型

例如提示词需要表现的是动漫画风的女性，选择的模型就必须是动漫风格模型，例如 ReV Animated 动漫风格模型。

第4步：调整参数

例如需要生成的图片整体动漫风格的情况下保留写实细节，调整采样方式为 DPM++ 2M Karras。

7.2.2 实操方法

（1）打开提示词构思表格，用户按照自己希望展示的画面内容，分主题、细节，修饰三大方向去填写表格的 15 个单元格的内容，如果某一个小的单元格没有内容留空即可。在此以图 7-1 为例，填写提示词构思表格，如表 7-1 所示。

图 7-1　参考图

表 7-1　提示词构思表格

大类	小类	英文提示词	中文解释
主题	主体	portrait photo of antjeT1	antjeT1 的肖像照片
	环境	/	/
	时间	/	/
	动作	/	/
	情绪	naughty	顽皮表情

大类	小类	英文提示词	中文解释
细节	类型	portrait photo, alluring portrait	肖像照片，迷人的肖像
	特征	blue and green striped shirt，dirty blonde hair	蓝绿色条纹衬衫，杂乱的金发
细节	灯光	cinematic lighting	电影照明
	摄影	sharp focus	锐利聚焦
	材质	/	/
修饰	风格	digital painting，illustration, concept art	数字绘画，插图，概念艺术
	艺术家	art by artgerm and greg rutkowski, alphonse mucha	艺术家 artgerm 和 greg rutkowski，艺术家 alphonse mucha
	色彩	cgsociety,artstation	cgsociety 网站作品风格，artstation 网站作品风格
	画质	intricate, highly detailed	复杂，高度详细
	特殊	/	/

（2）打开 Stable Diffusion 软件，选择文生图选项卡，在红色区域填写正向提示词，在绿色区域填写反向提示词，如图 7-2 所示。

图 7-2　输入提示词

正向提示词英文：

portrait photo of antjeT1 ,(blue and green striped shirt), (dirty blonde hair), alluring portrait, intricate, highly detailed, digital painting, artstation, concept art, naughty, sharp focus, cinematic lighting, illustration, art by artgerm and greg rutkowski, alphonse mucha,

247

cgsociety

正向提示词中文翻译：

antjeT1 的肖像照片，（蓝绿色条纹衬衫），（杂乱的金发），迷人的肖像，复杂，高度详细，数字绘画，artstation 网站作品风格，概念艺术，顽皮的表情，锐利聚焦，电影照明，插图，艺术家 artgerm 和 greg rutkowski，艺术家 alphonse mucha，cgsociety 网站作品风格

（3）本次画面内容需要表现的是动漫风格，模型推荐使用 ReV Animated 动漫风格模型，如图 7-3 所示。

图 7-3　下载模型

（4）将模型文件放在 Stable Diffusion 安装根目录 /models/Stable-diffusion 文件夹内，此次 Stable Diffusion 安装根目录是在 E 盘 AI 目录下，所以模型文件放在 E:AI/models/Stable-diffusion 下即可，用户可自行在此文件夹下建立不同类别的中文子文件夹，方便分类整理各类别大模型。

（5）打开 Stable Diffusion 软件，左上角选择 ReV Animated 模型，如图 7-4 所示。

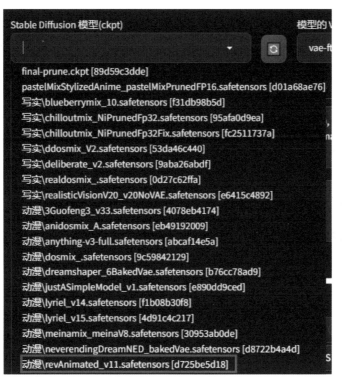

图 7-4　选择模型

（6）按照表 7-2、图 7-5 所示设置参数，设置完参数点击右上角的橙色生成按钮，Stable Diffusion 会自动生成图片。

表 7-2　设置参数

参数名	参数设置
采样迭代步数	20
采样方法	DPM++ 2S a Karras
宽度 × 高度	512×768
每批数量	4
提示词相关性	7
随机种子	−1
面部修复	开启

图 7-5　参数设置

（7）欣赏 Stable Diffusion 制作的图片，如图 7-6 所示。

这类动漫头像可以发布到小红书、抖音、视频号等公域流量平台，引导客户上传真人拍摄照片，可以收费为客户制作动漫头像，即可实现变现操作。

（a）　　　　　　　　　（b）

图 7-6　生成效果图

7.2.3 思维拓展

（a）　　　　　　　　　　（b）

图 7-7　生成效果图

第一部分　入门篇

第二部分　精通篇

第三部分　变现篇

251

（a）　　　　　　　　（b）

图 7-8　生成效果图

思维拓展 3

　　只需要替换不同的模型，例如替换成卡通风格的模型 Disney Pixar Cartoon Type，提示词和参数完全不变，提示词还是 portrait photo of antjeT1（antjeT1 的肖像照片），可以生成卡通风格画风图片，如图 7-9 所示。

（a）　　　　　　　　（b）

图 7-9　生成效果图

252

7.2.4　提示词笔记

请在这里记录经常使用或特别喜欢的提示词，方便随时查阅。

_____

_____

_____

_____

7.3　宠物拟人化动漫实操

7.3.1　实操逻辑

第1步：构思生成宠物动漫类型图片的所有细节内容

用户需要仔细构思自己期望生成图片中的所有细节内容，用长句或者单词表述都可以。

第2步：打开提示词构思表格填写提示词

熟悉并理解提示词结构公式，将构思画面内容分类填写到提示词表格中的三大部分：主题（拟人化动漫宠物）、细节和修饰。

第3步：选择并下载合适模型

例如提示词需要表现的是拟人动漫画风的宠物，选择的模型就必须是中国风以表现人物肖像为主的模型，例如 GuoFeng 中国风动漫风格模型。

第4步：调整参数

例如需要生成的图片整体为动漫风格，调整采样方式为 Euler a。

7.3.2　实操方法

（1）打开提示词构思表格，按照自己希望展示的画面内容，分主题、细节和

图 7-10　参考图

修饰三大方向去填写表格的 15 个单元格的内容，如果某一个小的单元格没有内容留空即可。在此以图 7-10 这个拟人化的兔子为原型人物的动漫图片为例，填写提示词构思表格，如表 7-3 所示。

表 7-3　提示词构思表格

大类	小类	英文提示词	中文解释
主题	主体	close up photo of a rabbit	兔子的特写照片
	环境	moon, haze	月亮，薄雾
	时间	/	/
	动作	/	/
	情绪	/	/
细节	类型	photo	照片
	特征	bloom	花朵绽放
	灯光	halation	阳光光晕
	摄影	centred, rule of thirds，200mm 1.4f macro shot	居中，三分法构图，200mm /1.4f 微距拍摄
	材质	/	/
修饰	风格	dramatic atmosphere	戏剧性的气氛
	艺术家	/	/
	色彩	/	/
	画质	/	/
	特殊	/	/

（2）打开 Stable Diffusion 软件，选择文生图选项卡，在红色区域填写正向提示词，在绿色区域填写反向提示词，如图 7-11 所示。

图 7-11　输入提示词

正向提示词英文：

close up photo of a rabbit, moon, haze, halation, bloom, dramatic atmosphere, centred, rule of thirds, 200mm 1.4*f macro shot*

正向提示词中文翻译：

兔子的特写照片，月亮，薄雾，光晕，花朵绽放，戏剧性的气氛，居中，三分法构图，200mm/ 1.4*f* 微距拍摄

（3）本次画面内容需要表现的是中国风风格，模型推荐使用 GuoFeng 中国风动漫模型，如图 7-12 所示。

图 7-12　下载模型

（4）将模型文件放在 Stable Diffusion 安装根目录 /models/Stable-diffusion 文件夹内，在此 Stable Diffusion 安装根目录是在 E 盘 AI 目录下，所以模型文

件放在 E:AI/models/Stable-diffusion 下即可，用户可自行在此文件夹下建立不同类别的中文子文件夹，方便分类整理各类别大模型。

（5）打开 Stable Diffusion 软件，左上角选择 GuoFeng3 模型。

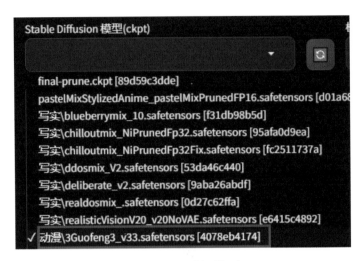

图 7-13　选择模型

（6）按照表 7-4、图 7-14 设置参数，设置完参数点击右上角的橙色生成按钮，Stable Diffusion 会自动生成图片。

表 7-4　参数设置

参数名	参数设置
采样迭代步数	25
采样方法	Euler a
宽度 × 高度	512×768
每批数量	4
提示词相关性	7
随机种子	−1

图 7-14　参数设置

（7）欣赏 Stable Diffusion 制作的图片，如图 7-15 所示。

这类拟人化宠物动漫图片可以发布到小红书、抖音、视频号等公域流量平台，引导客户上传宠物照片，可以收费为客户制作拟人化宠物动漫图片，即可实现变现操作。

（a）　　　　　　　（b）

图 7-15　生成效果图

7.3.3 思维拓展

思维拓展 1

　　只需把提示词中的 moon（月亮）替换成 meadow（草地），其他提示词和参数保持不变，生成的效果图如图 7-16 所示。通过这段提示词可指定主体所处的环境。

（a）　　　　　　　　　　　　　　（b）

图 7-16　生成效果图

思维拓展 2

　　只需把提示词中的 close up photo of a rabbit（兔子的特写照片）和 moon（月亮）替换成 close up photo of a cat（猫的特写照片）和 sea（海边），其他提示词和参数保持不变，就可以生成拟人化的猫娘在海报的动漫图片，如图 7-17 所示。

（a）　　　　　　　　（b）

图 7-17　生成效果图

7.3.4　提示词笔记

请在这里记录经常使用或特别喜欢的提示词，方便随时查阅。

_____

_____

_____

_____

7.4　动漫人物＋美食实操

7.4.1　实操逻辑

第 1 步：构思生成动漫美食图片的所有细节内容

用户需要仔细构思自己期望生成图片中的所有细节内容，用长句或者单词表述都可以。

第2步：打开提示词构思表格填写提示词

熟悉并理解提示词结构公式，将构思画面内容分类填写到提示词表格中的三大部分：主题（动漫人物＋美食）、细节和修饰。

第3步：选择并下载合适的模型

例如提示词需要表现的是动漫画风的美食和人物，选择的模型就必须是动漫风格模型，例如 Anything 动漫风格模型。

第4步：调整参数

例如需要生成的图片整体动漫风格的情况下保留写实细节，调整采样方式为 DPM++2M Karras。

7.4.2 实操方法

（1）打开提示词构思表格，按照自己希望展示的画面内容，分主题、细节和修饰三大方向去填写表格的 15 个单元格的内容，如果某一个小的单元格没有内容留空即可。在此以图 7-18 这张有动漫女孩和动漫美食的图片为例，填写提示词构思表格，如表 7-5 所示。

图 7-18 参考图

表 7-5　提示词构思表格

大类	小类	英文提示词	中文解释
主题	主体	yummy beef grill steak，girl	美味的烤牛排，女孩
	环境	/	/
	时间	/	/
	动作	/	/
	情绪	/	/
细节	类型	food photograph	食物照片
	特征	food styling	食物造型
	灯光	/	/
	摄影	F 11，long shot, lens 85 mm，	光圈 11，长镜头，85 毫米焦距镜头
	材质	/	/
修饰	风格	摄影棚照片	studio photograph
	艺术家	/	/
	色彩	octane render	octane 渲染器渲染图片风格
	画质	ultra detailed，8k	超详细，8k
	特殊	/	/

（2）打开 Stable Diffusion 软件，选择文生图选项卡，在红色区域填写正向提示词，在绿色区域填写反向提示词。

正向提示词英文：

yummy beef grill steak,girl, food photograph, food styling, long shot, lens 85 mm, f11, studio photograph, ultra detailed, octane render, 8k

正向提示词中文翻译：

美味的烤牛排，女孩，食物照片，食物造型，长镜头，85 毫米焦距镜头，光圈 11，摄影棚照片，超详细，octane 渲染器渲染图片风格，8k

（3）本次画面内容需要表现的是动漫风格，模型推荐使用 Anything 动漫风格模型，如图 7-19 所示。

图 7-19　下载模型

（4）将模型文件放在 Stable Diffusion 安装根目录 /models/Stable-diffusion 文件夹内，此次 Stable Diffusion 安装根目录是在 E 盘 AI 目录下，所以模型文件放在 E:AI/models/Stable-diffusion 下即可，用户可自行在此文件夹下建立不同类别的中文子文件夹，方便分类整理各类别大模型。

（5）打开 Stable Diffusion 软件，左上角选择 Anything 模型，如图 7-20 所示。

图 7-20　选择模型

（6）按照表 7-6、图 7-21 设置参数，设置完参数点击右上角的橙色生成按钮，Stable Diffusion 会自动生成图片。

表 7-6 设置参数

参数名	参数设置
采样迭代步数	25
采样方法	DPM++ 2S a Karras
宽度 × 高度	512×768
每批数量	4
提示词相关性	7
随机种子	−1

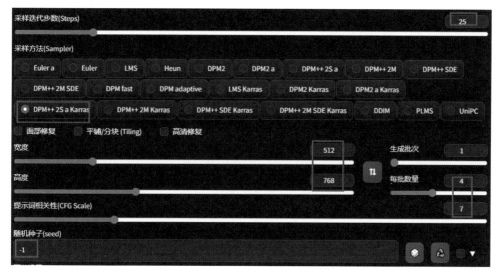

图 7-21　设置参数

（7）欣赏 Stable Diffusion 制作的图片，如图 7-22 所示。

　　这类动漫人物 + 美食的图片可以发布到小红书、抖音、视频号等公域
流量平台，引导客户私信上传吃饭打卡的照片，可以收费为客户制作这类
动漫图片，即可实现变现操作。

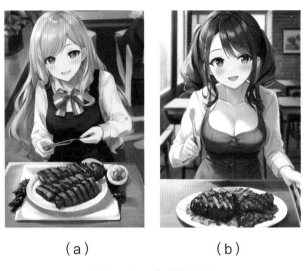

（a）　　　　　（b）

图 7-22　生成效果图

7.4.3　思维拓展

（a）　　　　　（b）

图 7-23　生成效果图

7.4.4　提示词笔记

请在这里记录经常使用或特别喜欢的提示词，方便随时查阅。

_____

_____

_____

_____

7.5　动漫风景实操

7.5.1　实操逻辑

第1步：构思生成动漫风景图片的所有细节内容

用户需要仔细构思自己期望生成图片中的所有细节内容，用长句或者单词表述都可以。

第2步：打开提示词构思表格填写提示词

熟悉并理解提示词结构公式，将构思画面内容分类填写到提示词表格中的三大部分：主题（动漫人美景）、细节和修饰。

第3步：选择并下载合适的模型

例如提示词需要表现的是动漫画风的美景，选择的模型就必须是动漫风格模型，例如 MsceneMix 卡通风格风景模型。

第4步：调整参数

例如需要生成的图片整体为动漫风格，调整采样方式为 Euler a。

7.5.2　实操方法

（1）打开提示词构思表格，按照自己希望展示的画面内容，分主题、细节和修饰三大方向去填写表格的 15 个单元格的内容，如果某一个小的单元格没有内容留空即可。在此以图 7-24 这个动漫风景图为例，填写提示词构思表格，如表 7-7 所示。

图 7-24　生成效果图

表 7-7　提示词构思表格

大类	小类	英文提示词	中文解释
主题	主体	no people, two-storey cottage with green roof	没有人，绿色屋顶的两层小屋
	环境	outdoors	户外
	时间	/	/
	动作	/	/
	情绪	/	/
细节	类型	landscape	景观
	特征	trees, windows, sky, fence, architecture, day, house, blue sky, water, door, balustrade, stairs, plants, balcony, isometric door	树木，窗户，天空，围栏，建筑，白天，房子，蓝天，水，门，栏杆，楼梯，植物，阳台，等角门
	灯光	/	/
	摄影	/	/
	材质	/	/

大类	小类	英文提示词	中文解释
修饰	风格	(illustration:1.0)	（插图：1.0）
	艺术家	/	/
	色彩	chibi	赤子之心
	画质	masterpiece, best quality	杰作，最佳质量
	特殊	EasyNegative	使用 EasyNegative 文本转化模型

（2）打开 Stable Diffusion 软件，选择文生图选项卡，在红色区域填写正向提示词，在绿色区域填写反向提示词，如图 7-25 所示。

图 7-25　输入提示词

正向提示词英文：

No people, two-storey cottage with green roof, trees, landscape, outdoors, windows, sky, fence, architecture, day, house, blue sky, water, door, balustrade, stairs, plants, balcony, chibi, isometric door, (illustration:1.0), masterpiece, best quality

正向提示词中文翻译：

没有人，绿色屋顶的两层小屋，树木，景观，户外，窗户，天空，围栏，建筑，白天，房子，蓝天，水，门，栏杆，楼梯，植物，阳台，赤子之心，等角门，（插图：1.0），杰作，最佳质量

（3）本次画面内容需要表现的是卡通风景风格，模型推荐使用 MsceneMix 卡通风格风景模型，如图 7-26 所示。

267

图 7-26　下载模型

（4）将模型文件放在 Stable Diffusion 安装根目录 /models/Stable-diffusion 文件夹内，此次 Stable Diffusion 安装根目录是在 E 盘 AI 目录下，所以模型文件放在 E:AI/models/Stable-diffusion 下即可，用户可自行在此文件夹下建立不同类别的中文子文件夹，方便分类整理大模型，如图 7-27 所示。

disneyPixarCart
oon_v10.jpg

disneyPixarCart
oon_v10.safete
nsors

mscenemix_v11.
jpg

mscenemix_v11.
safetensors

图 7-27　保存模型

一本书读懂 AI 绘画

（5）打开 Stable Diffusion 软件，在左上角选择 MsceneMix 模型，如图 7-28 所示。

图 7-28　选择模型

（6）下载 EasyNegative 这个文本转化模型，如图 7-29 所示，可以使用 easynegative 这个触发词写在反向提示词的输入框，这一个触发词相当于很多反向提示词的集合。

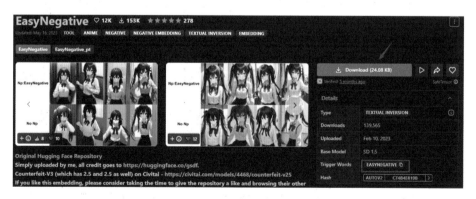

图 7-29　下载文本转化模型

（7）将文本转化模型文件放在 Stable Diffusion 安装根目录 /embeddings 文件夹内，此次 Stable Diffusion 安装根目录是在 E 盘 AI 目录下，所以模型文件放在 E:AI/embeddings 下即可，用户可自行在此文件夹下建立一个反向提示词的文件夹，方便分类整理反向提示词的文本转化大模型。

（8）按照表 7-8、图 7-30 设置参数，设置完参数点击右上角的橙色生成按钮，Stable Diffusion 会自动生成图片。

表 7-8　设置参数

参数名	参数设置
采样迭代步数	20
采样方法	Euler a
高清修复	打开
放大算法	Latent
高清修复采样次数	30
重绘幅度	0.7
放大倍率	2
宽度 × 高度	512×768
每批数量	4
提示词相关性	7
随机种子	−1

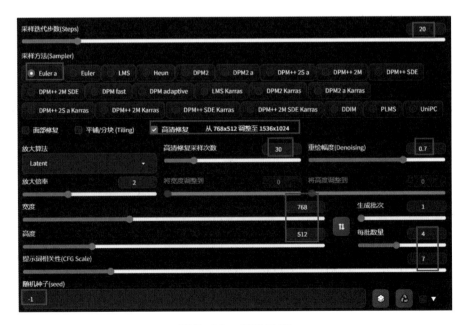

图 7-30　参数设置

（9）欣赏 Stable Diffusion 制作的图片，如图 7-31 所示。

这类动漫风景图片可以发布到小红书、抖音、视频号等公域流量平台，引导客户私信上传旅游的风景照片，可以收费为客户制作动漫风景照片，即可实现变现操作。

图 7-31　生成效果图

7.5.3　思维拓展

思维拓展 1

只需把提示词改为下面这段，参数改为表 7-9 所示的数据，模型保持不变，生成的效果图如图 7-32 所示。

正向提示词英文：

Miniature cityscape, Isometric:1, Cartoon style, Sandbox game style, White background, superb detail, Florists, potted plants, flowers, grass, trees, shops, shops, signs, Lighting, Clear sky, Outdoors, Landscapes, Clouds, Sky, Roads, grass, 3D, 8k, HDR, high definition, film grain. Blue sky, white clouds, small trees, mailbox, stairs, clean background

正向提示词中文翻译：

微型城市景观，等距：1，卡通风格，沙盒游戏风格，白色背景，极好的细节，花店，盆栽，花，草，树，商店，商店，标志，照明，晴朗的天空，户外，景观，云，天空，道路，草，3D，8k，HDR，高清，电影颗粒，蓝天、白云、小树、邮箱、楼梯、干净的背景

表7-9 设置参数

参数名	参数设置	参数名	参数设置
采样迭代步数	30	放大倍率	2
采样方法	DPM++ SDE Karras	宽度 × 高度	512×768
高清修复	打开	每批数量	4
放大算法	Latent	提示词相关性	7
高清修复采样次数	30	随机种子	−1
重绘幅度	0.7		

（a）　　　　　　　　　（b）

图7-32 生成效果图

思维拓展 2

只需把提示词改为大师作品（masterpiece）、最好画质（best quality）、户外（outdoors）、夜晚（night）、商店（shop），参数和模型保持不变，Stable Diffusion 就会绘制出一些户外商店夜景图片，如图 7-33 所示。

图 7-33 生成效果图

思维拓展 3

只需把提示词改为大师作品（masterpiece）、最好画质（best quality），1woman（1 个女子），Japan（日本），参数和模型保持不变。负向词使用 veryBadImageNegative_v1.3 这个模型的触发词。Stable Diffusion 就会绘制出一些日本风景和动漫人物相配合的图片，如图 7-34 所示。

图 7-34　生成效果图

7.5.4　提示词笔记

请在这里记录经常使用或特别喜欢的提示词，方便随时查阅。

_____

_____

_____

_____

7.6　模型推荐

动漫行业模型推荐

动漫行业需要动漫风格或卡通风格，以及漫画或插画风格的非写实类模型，civitai 网站有 15876 个模型和动漫有关，在此精选 8 个常用动漫类模型。

（1）生成写实动漫风格的图片推荐使用 ReV Animated 大模型，如图 7-35 所示。

（2）生成动漫风格的图片推荐使用 Anything 大模型，如图 7-36 所示。

图 7-35　ReV Animated 大模型生成图　　图 7-36　Anything 大模型生成图

（3）生成可爱动漫风格图片推荐使用 Counterfeit 大模型，如图 7-37 所示。

（4）生成中国风动漫风格图片推荐使用 GuoFeng3 大模型，如图 7-38 所示。

图 7-37　Counterfeit 大模型生成图　图 7-38　GuoFeng3 大模型生成图

（5）生成平面 2D 动漫风格图片推荐使用 Flat-2D Animerge 大模型，如图 7-39 所示。

275

（6）生成立体 3D 动漫风格图片推荐使用 Disney Pixar Cartoon 大模型，如图 7-40 所示。

图 7-39　Flat-2D Animerge
大模型生成图

图 7-40　Disney Pixar
Cartoon 大模型生成图

（7）生成游戏 / 动漫风格风景图片推荐使用 MsceneMix 大模型，如图 7-41 所示。

（8）生成插画风格风景图片推荐使用 Fantasy World 大模型，如图 7-42 所示。

图 7-41　MsceneMix 大模型生成图

图 7-42　Fantasy World 大模型生成图

7.7　提示词推荐

动漫行业有 8 大类推荐提示词（动漫艺术家、动漫背景、动漫场景、复古动漫风格、超现实动漫风格、漫画风格、人物 / 玩具、角色设计物料）

动漫艺术家

· Hayao Miyazaki, Co-founder of Studio Ghibli（宫崎骏，吉卜力工作室的共同创始人）

· Eiichiro Oda, *One Piece*（尾田荣一郎，《海贼王》）

· Naoko Takeuchi, *Sailor Moon*（武内直子，《美少女战士》）

· Takehiko Inoue, *Slam Dunk*（井上雄彦,《灌篮高手》）

· Hisashi Hirai, Gundam（平井久司，高达）

· Norio Matsumoto, *Hunter × Hunter*（松本宪生,《全职猎人》）

· Hiroshi Fujimoto, *Doraemon*（藤本弘,《哆啦 A 梦》）

· Yon Yoshinari, *Evangelion*（吉成曜,《新世纪福音战士》）

· Momoko Sakura, *Chibi Maruko-chan*（樱桃子,《樱桃小丸子》）

动漫背景

· Makoto Shinkai, *Your Name*（新海诚,《你的名字》）

· Hayao Miyazaki, *The Wind Rises*（宫崎骏,《起风了》）

· Mamoru Oshii, *Ghost in the Shell*（押井守,《攻壳机动队》）

· Taiyo Matsumoto, *Tekkonkinkreet*（松本大洋,《恶童》）

· Hideaki Anno, *Evangelion*（庵野秀明,《新世纪福音战士》）

动漫场景

· Coffee shop（咖啡馆）

· Tokyo city（东京市）

· The beach（海滩）

· Classroom（教室）

· The train station（火车站）

· Basketball court（篮球场）

· The space station（空间站）

· City landscape（城市景观）

· Mt Fuji（富士山）

· Japanese temple（日本寺庙）

· Floating castle（浮动城堡）

· Underwater world（水下世界）

复古动漫风格

· 1970s anime（20 世纪 70 年代动漫）

· 1980s anime（20 世纪 80 年代动漫）

· 1990s anime（20 世纪 90 年代动漫）

· Retro anime（复古动漫）

· Retro anime screencap（复古动漫截图）

超现实动漫风格

· Chromatic aberration（色差）

· Holographic（全息的）

· Iridescent opaque thin film RGB（虹彩不透明薄膜，RGB）

· Transparent Vinyl Clothing（透明乙烯基服装）

· Transparent PVC（透明 PVC）

· Reflective clothing（反射性服装）

· Futuristic clothing（未来主义服装）

漫画风格

· Manga drawing（漫画绘画）

· Manga shading（漫画底纹）

· Manga screentone（漫画色调）

· With largely and widely spaced dots（有大面积的、间隔很远的小点）

· With halftone pattern（有半色调图案）

· Manga comic strip（漫画连环画）

人物 / 玩具

· Chibi character（赤子之心人物）

· Miniature character（微型人物）

· Anime character（动漫人物）

· Toy figure（玩具人物）

· In a glass display case（装在一个玻璃展示柜里）

· Made of plastic（由塑料制成）

· Made of polyester putty（聚酯油灰制成）

角色设计物料

· Character expression sheet（角色表达表）

· Character design sheet（角色设计表）

· Character pose sheet（角色姿态表）

· Turnaround sheet（转折表）

· Concept design sheet（概念设计表）

· Items sheet/accessories（物品表 / 配饰）

· Dress-up sheet/fashion sheet（装修表 / 时尚表）

· Full body portrait（全身画像）

可筛选漫画家模型展示不同漫画家的艺术风格，如图 7-43 所示。

图 7-43　不同艺术家的风格预览

第 8 章
Stable Diffusion 建筑行业变现

8.1 建筑设计实操

8.1.1 实操逻辑

应用场景

通过学习这个章节，用户可快速制作出写实有创意的"建筑效果图"达成变现。

使用 AI 绘画软件制作建筑行业设计效果图大致分为以下步骤。

（1）制作概念设计效果图

用户提供设计理念、功能需求等信息，AI 软件可以自动生成不同风格和形式的建筑外形概念设计。

（2）制作外立面设计效果图

输入建筑风格、外立面材质等条件，AI 软件可以自动生成立面细部设计效果图。

（3）制作内部结构设计效果图

根据功能区布局、空间关系等要求，AI 软件可以生成不同方案的内部结构平面图。

（4）生成 3D 模型

根据 2D 设计图纸，人工重现 3D 立体模型，用于制作后续可视化效

第一部分 入门篇

第二部分 精通篇

第三部分 变现篇

果图。

（5）生成效果图渲染

人工对 3D 模型进行材质贴图、光影渲染，生成实景效果图或动画效果，帮助用户更直观感受设计。

（6）进行设计细节优化

人工对渲染图使用 photoshop 进行修改、调整细节，优化效果，更好满足用户需求。

（7）生成施工图纸

根据优化后的 3D 模型，人工使用 AutoCAD 软件输出建筑工程施工图纸，如平面图、立面图、结构图等，提供施工依据。

建筑作品分类

按设计类型

——概念设计：主要突出设计理念，提供初步设计方案。

——方案设计：对概念设计进行深化，形成多个可行方案。

——施工设计：详细制定设计方案，并生成施工图纸。

按建筑物类型

——住宅类：别墅、高层公寓等。

——公共建筑：学校、医院、商业设施等。

——工业建筑：厂房、仓库等。

——文化建筑：博物馆、剧场等。

按设计阶段

——基础设计：地块平面布局、土建拓扑等。

——立面设计：建筑外观立面处理设计。

——空间设计：内部功能空间规划设计。

——结构设计：主体结构方案设计。

——暖通设计：供热供水电气等工程设计。

按使用目的

——参赛作品：参加建筑设计竞赛提交的作品。

——教学作品：学生在课程设计过程中的设计成果。

——工作实例：设计公司实际项目中的设计方案。

使用 AI 优势

（1）提高效率：一个建筑效果图原本是需要一个团队（概念设计师，立面设计师，结构设计师，暖通设计师，空间设计师，施工图设计师），现在可以减少一部分人力，并且可以大大提高生成制作建筑设计效果图的效率。使用 AI 绘画软件设置好提示词 + 模型 + 参数的组合，可以快速方便高效产出优质的建筑设计效果图作品。

（2）降低成本：从个人角度而言，用户之前想要获得建筑设计效果图，只能去充值相关网站的会员获得，现在使用 Stable Diffusion 可以做出属于自己的建筑设计效果图作品，也能节省购买相应会员的费用；从企业角度而言，可以使用 AI 绘画软件更低成本的创建建筑设计效果图作品。

（3）解决版权问题：使用百度搜索出来的建筑设计效果图版权并不属于用户，一旦使用会存在可能的版权纠纷。使用 Stable Diffusion 做出属于自己的建筑设计效果图作品，可以解决版权的问题。

（4）创作更自由：通过 Stable Diffusion 可以自由发挥创造自己的想法，创造出耳目一新的建筑设计效果图的视觉效果。

使用 AI 劣势

（1）建筑设计平面效果图利用人工智能自动转变为可商用的 3D 模型，暂时还没有很好的解决方案，只能使用人工建模。

（2）建筑设计的 3D 模型利用人工智能自动转变为可商用的施工 CAD 文件，暂时还没有很好的解决方案，只能使用人工建模。

8.1.2　实操方法

（1）打开提示词构思表格，按照自己希望展示的画面内容，分主题、细节和修饰三大方向去填写表格的 15 个单元格的内容，如果某一个小的单元格没有内容留空即可。在此以图 8-1 这个写实建筑外立面的设计图片为例，填写提示词构思表格，如表 8-1 所示。

图 8-1　参考图

表 8-1　提示词构思表格

大类	小类	英文提示词	中文解释
主题	主体	architecture	建筑
	环境	blue sky and white clouds	蓝天白云
	时间	/	/
	动作	/	/
	情绪	/	/
细节	类型	/	/
	特征	/	/
	灯光	/	/
	摄影	/	/
	材质	/	/
修饰	风格	modern style	现代风格
	艺术家	/	/
	色彩	/	/
	画质	masterpiece,high quality, best quality, real,realistic, super detailed, full detail,4k,8k	杰作，高品质，最佳质量，真实，逼真，超详细，全细节，4k，8k
	特殊	/	/

（2）打开 Stable Diffusion 软件，选择文生图选项卡，在红色区域填写正向提示词，在绿色区域填写反向提示词，如图 8-2 所示。

图 8-2　输入提示词

正向提示词英文：

（masterpiece），（high quality），best quality, real,（realistic），super detailed,（full detail），（4k），8k, architecture,Modern style,Blue sky and white clouds

正向提示词中文翻译：

（杰作），（高品质），最佳质量，真实，（逼真），超详细，（全细节），（4k），8k，建筑，现代风格，蓝天白云

（3）本次画面内容需要表现的是写实商业建筑效果，模型推荐使用XSarchitectural V3 Commercial building rendering 商业建筑设计模型，如图 8-3 所示。

图 8-3　下载模型

（4）将模型文件放在 Stable Diffusion 安装根目录 /models/Stable-diffusion 文件夹内，此次 Stable Diffusion 安装根目录是在 E 盘 AI 目录下，所以模型文件放在 E:AI/models/Stable-diffusion 下即可，用户可自行在此文件夹下建立不同类别的中文子文件夹，方便分类整理各类别大模型，如图 8-4 所示。

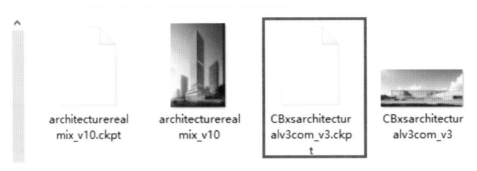

图 8-4　保存模型

（5）打开 Stable Diffusion 软件，左上角选择 XSarchitectural V3 Commercial building rendering 模型。

（6）按照以下表 8-2、图 8-5 设置参数，设置完参数点击右上角的橙色生成按钮，Stable Diffusion 会自动生成图片。

表 8-2　参数设置

参数名	参数设置
采样迭代步数	30
采样方法	Euler a
宽度 × 高度	768×512
每批数量	4
提示词相关性	7
随机种子	−1

图 8-5　参数设置

（7）欣赏 Stable Diffusion 制作的图片，如图 8-6 所示。

这类写实建筑设计效果图可以发布到小红书、抖音、视频号等公域流量平台，引导客户知识付费学习 AI 绘画制作技术，或引导有设计类似图片需求的个人或企业客户（商业大厦、产业园、商业步行街和商业综合体等）付费制作图片。

图 8-6　生成效果图

287

8.1.3　思维拓展

思维拓展 1

只需在提示词最后添加城市风景（cityscape），其他提示词和参数保持不变，生成的效果图如图8-7所示。通过这段提示词可指定建筑主体所处的环境为整个城市。这类建筑图片非常适合用于城市宣传片或者商业建筑宣传广告。

（a）

（b）

图 8-7　生成效果图

288

> **思维拓展 2**
>
> 　　只需把提示词添加在充满霓虹灯的赛博朋克的城市中（in the neon lamp cyberpunk city），其他提示词和参数保持不变，生成的效果图如图 8-8 所示。通过这段提示词可指定建筑主体所处的环境为赛博朋克的科幻城市。这类建筑图片非常适合用于科幻电影宣传片或者科幻类的漫画。

（a）

（b）

图 8-8　生成效果图

8.2 室内设计实操

8.2.1 实操逻辑

第1步：构思生成室内装修设计类型图片的所有细节内容

用户需要仔细构思自己期望生成图片中的所有细节内容，用长句或者单词表述都可以。

第2步：打开提示词构思表格填写提示词

熟悉并理解提示词结构公式，将构思画面内容分类填写到提示词表格中的三大部分：主题（室内装修设计）、细节和修饰。

第3步：选择并下载合适模型

例如提示词需要表现的是写实室内装修设计效果，选择的模型就必须是写实室内装修设计模型，例如 ArchitectureRealMix 建筑设计模型，该模型适用于绝大部分建筑设计、景观设计、城市设计、室内设计场景。

第4步：调整参数

模型采样方式使用 Euler a，生成的图片更写实。

8.2.2 实操方法

（1）打开提示词构思表格，用户按照自己希望展示的画面内容，分主题、细节和修饰三大方向去填写表格的 15 个单元格的内容，如果某一个小的单元格没有内容留空即可。在此以图 8-9 这个写实室内装修的设计图片为例，填写提示词构思表格，如表 8-3 所示。

图 8-9　参考图

表 8-3　提示词构思表格

大类	小类	英文提示词	中文解释
主题	主体	create a modern minimalist living room design that showcases clean lines and simplicity	创造了一个现代极简主义客厅设计并展示了简洁的线条
	环境	the artwork should depict an interior space in a residential setting, specifically focused on the living room area	艺术品应该描绘住宅环境中的内部空间，特别是客厅区域
	时间	/	/
	动作	/	/
	情绪	enhancing the overall tranquil atmosphere	增强整体宁静的氛围
细节	类型	presenting an exquisite example of modern minimalist living room design	呈现出现代极简主义客厅设计的精美范例
	特征	the final artwork should be a scenic masterpiece	最后的作品应该是一幅风景优美的杰作
	灯光	the lighting should be soft and ambient	灯光应柔和、环境优美
	摄影	creating a cohesive and harmonious visual composition	创造出一种连贯和谐的视觉构图
	材质	/	/
修饰	风格	the style should embody minimalism, with a focus on functionality and aesthetics	风格应该体现极简主义，注重功能和美学
	艺术家	/	/
	色彩	the color scheme should consist of neutral and monochromatic tones	配色方案应该由中性和单色色调组成
	画质	best quality, masterpiece, realistic, the computer graphics used should be of high quality, ensuring a detailed and realistic rendering of the room	最佳质量，杰作，逼真，所使用的计算机图形应该是高质量的，以确保房间的详细和逼真的渲染
	特殊	/	/

第一部分　入门篇

第二部分　精通篇

第三部分　变现篇

（2）打开 Stable Diffusion 软件，选择文生图选项卡，在红色区域填写正向提示词，在绿色区域填写反向提示词，如图 8-10 所示。

图 8-10　输入提示词

正向提示词英文：

（（Best quality）），（（masterpiece）），（（realistic）），create a modern minimalist living room design that showcases clean lines and simplicity. The artwork should depict an interior space in a residential setting, specifically focused on the living room area. The lighting should be soft and ambient, enhancing the overall tranquil atmosphere. The style should embody minimalism, with a focus on functionality and aesthetics. The color scheme should consist of neutral and monochromatic tones, creating a cohesive and harmonious visual composition. The computer graphics used should be of high quality, ensuring a detailed and realistic rendering of the room. The final artwork should be a scenic masterpiece, presenting an exquisite example of modern minimalist living room design

正向提示词中文翻译：

［（最佳质量）]，[（杰作）]，[（逼真）]，创造了一个现代极简主义客厅设计，展示了简洁的线条。艺术品应该描绘住宅环境中的内部空间，特别是客厅区域。灯光应柔和、环境优美，增强整体宁静的氛围。风格应该体现极简主义，注重功能和美学。配色方案应该由中性和单色色调组成，创造出一种连贯和谐的视觉构图。所使用的计算机图形应该是高质量的，以确保房间的详细和逼真的渲染。最后的作品应该是一幅风景优美的杰作，呈现出现代极简主义客厅设计的精美范例

（3）本次画面内容需要表现的是写实室内设计效果，模型推荐使用 ArchitectureRealMix 建筑设计模型，如图 8-11 所示，该模型适用于绝大部分

建筑设计、景观设计、城市设计和室内设计场景。

图 8-11　下载模型

（4）将模型文件放在 Stable Diffusion 安装根目录 /models/Stable-diffusion 文件夹内，此次 Stable Diffusion 安装根目录是在 E 盘 AI 目录下，所以模型文件放在 E:AI/models/Stable-diffusion 下即可，用户可自行在此文件夹下建立不同类别的中文子文件夹，方便分类整理各类别大模型，如图 8-12 所示。

图 8-12　保存模型

（5）打开Stable Diffusion软件，在左上角选择ArchitectureRealMix模型。

（6）按照表8-4、图8-13设置参数，设置完参数点击右上角的橙色生成按钮，Stable Diffusion会自动生成图片。

表8-4　参数设置

参数名	参数设置
采样迭代步数	40
采样方法	Euler a
宽度 × 高度	768×512
每批数量	4
提示词相关性	7
随机种子	−1

图8-13　参数设置

（7）欣赏Stable Diffusion制作的图片，如图8-14所示。

这类写实室内装修设计效果图可以发布到小红书、抖音、视频号等公域流量平台，引导客户知识付费学习AI绘画制作技术，或引导有设计类似图片需求的个人或企业客户（公寓、别墅、样板间、复式住宅和大平层住

一本书读懂 AI 绘画

宅等）付费制作图片。

（a）

（b）

图 8-14　生成效果图（现代极简主义客厅）

8.2.3 思维拓展

思维拓展

只需把提示词中的 3 处客厅（living room）替换为 3 处厨房（kitchen），其他提示词、参数和模型保持不变，生成的效果图如图 8-15 所示。

（a）

（b）

图 8-15　生成效果图（厨房）

8.3 商业空间设计实操

8.3.1 实操逻辑

第1步：构思生成商业空间设计类型图片的所有细节内容

用户需要仔细构思自己期望生成图片中的所有细节内容，用长句或者单词表述都可以。

第2步：打开提示词构思表格填写提示词

熟悉并理解提示词结构公式，将构思画面内容分类填写到提示词表格中的三大部分：主题（商业空间设计）、细节和修饰。

第3步：选择并下载合适模型

例如提示词需要表现的是写实室内装修设计效果，选择的模型就必须是写实室内装修设计模型，例如 ArchitectureRealMix 建筑设计模型，该模型适用于绝大部分建筑设计、景观设计、城市设计和室内设计场景。

第4步：调整参数

模型采样方式使用 Euler a，生成的图片更写实。

8.3.2 实操方法

（1）打开提示词构思表格，用户按照自己希望展示的画面内容，分主题、细节和修饰三大方向去填写表格的 15 个单元格的内容，如果某一个小的单元格没有内容留空即可。在此以图 8-16 这个写实餐饮类（咖啡馆）商业空间设

图 8-16　参考图

计图片为例，填写提示词构思表格，如表 8-5 所示。

表 8-5　提示词构思表格

大类	小类	英文提示词	中文解释
主题	主体	design a modern minimalist caf with a serene and stylish ambiance	设计一个现代简约风格的咖啡馆，营造宁静时尚的氛围
	环境	the artwork should depict an interior space that exudes simplicity and elegance	艺术品应该描绘出一个散发着简洁和优雅的内部空间
	时间	/	/
	动作	/	/
	情绪	/	/
细节	类型	/	/
	特征	the final artwork should be a scenic masterpiece, capturing the essence of a modern minimalist caf where customers can enjoy a calm and sophisticated atmosphere	最后的艺术品应该是一件风景优美的杰作，捕捉到现代极简主义咖啡馆的精髓，顾客可以在这里享受平静和精致的氛围
	灯光	the lighting in the caf should be warm and cozy, creating a welcoming atmosphere for patrons	咖啡馆的灯光应该温暖舒适，为顾客营造一种受欢迎的氛围
	摄影	/	/
	材质	complemented by accents of natural materials such as wood and stone	并辅以木材和石头等天然材料
修饰	风格	the style should embrace minimalism, focusing on clean lines, open spaces, and a sense of tranquility	风格应该包含极简主义，注重简洁的线条、开放的空间和宁静感
	艺术家	/	/
	色彩	the color scheme should consist of neutral tones	配色方案应包括中性色调
	画质	best quality, masterpiece, realistic, the computer graphics used should be of high quality, ensuring a detailed and realistic rendering of the caf's interior	最佳品质，杰作，逼真，所使用的计算机图形应该是高质量的，以确保咖啡馆内部的细节和真实感
	特殊	/	/

（2）打开 Stable Diffusion 软件，选择文生图选项卡，在红色区域填写正向提示词，在绿色区域填写负向提示词，如图 8-17 所示。

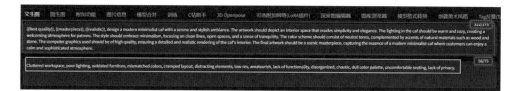

图 8-17 输入提示词

正向提示词英文：

((Best quality)), ((masterpiece)), ((realistic)), design a modern minimalist caf with a serene and stylish ambiance. The artwork should depict an interior space that exudes simplicity and elegance. The lighting in the caf should be warm and cozy, creating a welcoming atmosphere for patrons. The style should embrace minimalism, focusing on clean lines, open spaces, and a sense of tranquility. The color scheme should consist of neutral tones, complemented by accents of natural materials such as wood and stone. The computer graphics used should be of high quality, ensuring a detailed and realistic rendering of the caf's interior. The final artwork should be a scenic masterpiece, capturing the essence of a modern minimalist caf where customers can enjoy a calm and sophisticated atmosphere.

正向提示词中文翻译：

[（最佳品质）],[（杰作）],[（逼真）]，设计一个现代简约风格的咖啡馆，营造宁静时尚的氛围。艺术品应该描绘出一个散发着简洁和优雅的内部空间。咖啡馆的灯光应该温暖舒适，为顾客营造一种受欢迎的氛围。风格应该包含极简主义，注重简洁的线条、开放的空间和宁静感。配色方案应包括中性色调，并辅以木材和石头等天然材料。所使用的计算机图形应该是高质量的，以确保咖啡馆内部的细节和真实感。最后的艺术品应该是一件风景优美的杰作，捕捉到现代极简主义咖啡馆的精髓，顾客可以在这里享受平静和精致的氛围。

（3）本次画面内容需要表现的是写实商业空间设计效果，模型推荐使用 ArchitectureRealMix 建筑设计模型，如图 8-18 所示，该模型适用于绝大部分

299

建筑设计、景观设计、城市设计和室内设计场景。

图 8-18　下载模型

（4）将模型文件放在 Stable Diffusion 安装根目录 /models/Stable-diffusion 文件夹内，此次 Stable Diffusion 安装根目录是在 E 盘 AI 目录下，所以模型文件放在 E:AI/models/Stable-diffusion 下即可，用户可自行在此文件夹下建立不同类别的中文子文件夹，方便分类整理各类别大模型，如图 8-19 所示。

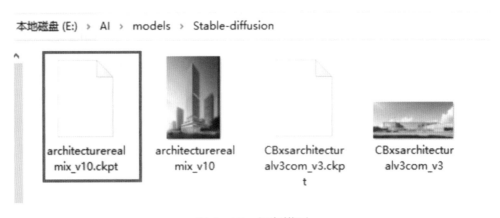

图 8-19　保存模型

（5）打开 Stable Diffusion 软件，在左上角选择 ArchitectureRealMix 模型。

（6）按照表8-6、图8-20设置参数，设置完参数点击右上角的橙色生成按钮，Stable Diffusion会自动生成图片。

表8-6　参数设置

参数名	参数设置
采样迭代步数	20
采样方法	Euler a
宽度 × 高度	768×512
每批数量	4
提示词相关性	7
随机种子	−1

图8-20　设置参数

（7）欣赏Stable Diffusion制作的图片，如图8-21所示。

这类写实景观设计效果图可以发布到小红书、抖音、视频号等公域流量平台，引导客户知识付费学习AI绘画制作技术，或引导有设计类似图片需求的个人或企业客户（主题餐厅、咖啡馆、酒吧、茶饮店、奶茶店、酒馆、中餐厅、西餐厅、比萨店等）付费制作图片。

301

（a）

（b）

图8-21　生成效果图（咖啡馆）

8.3.3　思维拓展

思维拓展 1

只需把提示词中的 4 处咖啡馆（caf）替换为 4 处酒吧（bar），其他提示词、参数和模型保持不变，生成的效果图如图 8-22 所示。

（a）

（b）

图 8-22 生成效果图（酒吧）

思维拓展 2

只需把提示词中的 4 处咖啡馆（caf）（living room）替换为 4 处甜品屋（dessert house），提示词中 3 处现代简约风格（modern minimalist）修改为可爱风格（cute style），1 处简约风格 minimalism 修改为可爱风格（cute style），1 处中性色调（neutral tones）中性色调修改为柔软鲜艳的色调（soft and vibrant tone），1 处辅以木材和石头等天然材料提示词删除（complemented by accents of natural materials such as wood and stone），其他提示词、参数和模型保持不变，生成的效果图如图 8-23 所示。

（a）

（b）

图 8-23　生成效果图（甜品屋）

（a）

（b）

图 8-24　生成效果图（插画风格）

第一部分　入门篇

第二部分　精通篇

第三部分　变现篇

305

8.4 景观设计实操

8.4.1 实操逻辑

第1步：构思生成景观/园林设计类型图片的所有细节内容

用户需要仔细构思自己期望生成图片中的所有细节内容，可以用长句或者单词表述都可以。

第2步：打开提示词构思表格填写提示词

熟悉并理解提示词结构公式，将构思画面内容分类填写到提示词表格中的三大部分：主题（景观设计），细节，修饰。

第3步：选择并下载合适模型

例如提示词需要表现的是写实景观设计效果，选择的模型就必须是写实景观设计模型，例如 LandscapeSuperMix 景观设计模型。

第4步：调整参数

模型采样方式使用 Euler a，生成的图片更写实。

8.4.2 实操方法

（1）打开提示词构思表格，用户按照自己希望展示的画面内容，分主题、细节和修饰三大方向去填写表格的 15 个单元格的内容，如果某一个小的单元格没有内容留空即可。在此以图 8-25 这个写实景观的设计图片为例，填写提示词构思表格，如表 8-7 所示。

图 8-25　参考图

表 8-7　提示词构思表格

大类	小类	英文提示词	中文解释
主题	主体	modern courtyard landscape design	现代庭院景观设计
	环境	Incorporating and showcasing sustainable features in an urban oasis	在城市绿洲中融入和展示可持续发展的特色
	时间	/	/
	动作	/	/
	情绪	/	/
细节	类型	the scene is bathed in natural sunlight, casting gentle shadows and creating a warm ambiance	现场沐浴在自然阳光下，投下柔和的阴影，营造出温暖的氛围
	特征	the courtyard is an architectural masterpiece, designed as an outdoor living space that blends seamlessly with the surrounding environment, capturing every detail of this serene and immersive landscape	庭院是一个建筑杰作，被设计成一个与周围环境无缝融合的户外生活空间，捕捉到了这个宁静而身临其境的风景的每一个细节
	灯光	/	/
	摄影	on eye level	在眼睛齐平的视角（简称人视）
	材质	/	/
修饰	风格	contemporary, minimalist style	现代、极简风格
	艺术家	/	/
	色彩	the color scheme consists of neutral tones and earthy colors, with pops of vibrant green to accentuate the lush vegetation	配色方案由中性色调和泥土色组成，搭配鲜艳的绿色来突出郁郁葱葱的植被
	画质	best quality, masterpiece, realistic, scenic, masterpiece, the digital rendering is photorealistic and of high quality	最佳品质，杰作，写实，风景优美，杰作，数字渲染是真实感和高质量的
	特殊	/	/

第一部分　入门篇

第二部分　精通篇

第三部分　变现篇

（2）打开 Stable Diffusion 软件，选择文生图选项卡，在红色区域填写正向提示词，在绿色区域填写反向提示词，如图 8-26 所示。

图 8-26　输入提示词

正向提示词英文：

（（ Best quality ）），（（ masterpiece ）），（（ realistic ）），Modern courtyard landscape design with a contemporary, minimalist style. Incorporating and showcasing sustainable features in an urban oasis. The courtyard is an architectural masterpiece, designed as an outdoor living space that blends seamlessly with the surrounding environment. The scene is bathed in natural sunlight, casting gentle shadows and creating a warm ambiance. The color scheme consists of neutral tones and earthy colors, with pops of vibrant green to accentuate the lush vegetation. The digital rendering is photorealistic and of high quality, capturing every detail of this serene and immersive landscape. On eye level, scenic, masterpiece.

正向提示词中文翻译：

[（最佳品质）], [（杰作）], [（写实）], 现代庭院景观设计具有现代、极简风格。在城市绿洲中融入和展示可持续发展的特色。庭院是一个建筑杰作，被设计成一个与周围环境无缝融合的户外生活空间。现场沐浴在自然阳光下，投下柔和的阴影，营造出温暖的氛围。配色方案由中性色调和泥土色组成，搭配鲜艳的绿色，突出郁郁葱葱的植被。数字渲染是真实感和高质量的，捕捉到了这片宁静而身临其境的风景的每一个细节。在眼睛齐平的视角（简称人视），风景优美，杰作。

（3）本次画面内容需要表现的是写实景观设计效果，模型推荐使用 Landscape-SuperMix 景观设计模型，如图 8-27 所示。

图 8-27　下载模型

（4）将模型文件放在 Stable Diffusion 安装根目录 /models/Stable-diffusion 文件夹内，此次 Stable Diffusion 安装根目录是在 E 盘 AI 目录下，所以模型文件放在 E:AI/models/Stable-diffusion 下即可，用户可自行在此文件夹下建立不同类别的多层级中文子文件夹（例如建筑子文件夹下建立景观子文件夹），方便分类整理各类别大模型，如图 8-28 所示。

›　此电脑　›　本地磁盘 (E:)　›　AI　›　models　›　Stable-diffusion　›　建筑　›　景观

landscapesuper
mix_v2.jpg

landscapesuper
mix_v2.ckpt

LACollageStyle_
V15.safetensors

LACollageStyle_
V15.jpg

图 8-28　保存模型

（5）打开 Stable Diffusion 软件，在左上角选择 LandscapeSuperMix 模型。

（6）按照表 8-8、图 8-29 设置参数，设置完参数点击右上角的橙色生成按钮，Stable Diffusion 会自动生成图片。

表 8-8　参数设置

参数名	参数设置
采样迭代步数	40

参数名	参数设置
采样方法	Euler a
宽度 × 高度	768×512
每批数量	4
提示词相关性	7
随机种子	−1

图 8-29　参数设置

（7）欣赏 Stable Diffusion 制作的图片，如图 8-30 所示。

　　这类写实景观设计效果图可以发布到小红书、抖音、视频号等公域流量平台，引导客户知识付费学习 AI 绘画制作技术，或引导有设计类似图片需求的个人或企业客户付费制作图片。例如校园、幼儿园、图书馆、博物馆、美术馆、科技馆、会议中心、公园和度假区等，这类公共或功能建筑一般是建筑设计配合景观设计一起设计。

（a）

（b）

图 8-30　生成效果图（现代庭院）

8.4.3 思维拓展

思维拓展

只需提示词中增加一个小溪：权重 1.8 (A small stream :1.8)，其他提示词、参数和模型保持不变，生成的效果图如图 8-31 所示。

（a）

（b）

图 8-31　两张生成效果图（增加小溪）

312

8.5 模型推荐

建筑行业模型推荐

建筑行业需要照片质感建筑内容的写实风格模型，civitai 网站有 263 个模型和动漫有关，在此精选 4 个常用建筑类模型。

（1）生成写实建筑设计图片推荐使用 ArchitectureRealMix 大模型，如图 8-32 所示。

图 8-32　ArchitectureRealMix **大模型生成图**

（2）生成写实现代风格室内设计图片推荐使用 InteriorDesignSuperMix 大模型，如图 8-33 所示。

313

图 8-33　InteriorDesignSuperMix **大模型生成图**

（3）生成写实乡村建筑设计图片推荐使用 lattez_Rural Architecture Renovation 大模型，如图 8-34 所示。

图 8-34　lattez_Rural Architecture Renovation **大模型生成图**

（4）生成写实单独木屋设计图片推荐使用XSWBSingleWoodenBuildingV1大模型，如图 8-35 所示。

图 8-35　XSWBSingleWoodenBuildingV1 大模型生成图

8.6　提示词推荐

建筑行业有 7 大类推荐提示词（建筑种类，建筑风格，建筑材料，建筑设计，室内装修设计，商业空间设计，景观设计）

建筑种类

（1）住宅建筑 Residential building

315

（2）商业建筑 Commercial building

（3）办公建筑 Office building

（4）餐饮建筑 Restaurant building

（5）酒店建筑 Hotel building

（6）医疗建筑 Medical building

（7）教育建筑 Educational building

（8）文化建筑 Cultural building

（9）体育建筑 Sports building

（10）交通建筑 Transportation building

（11）公共建筑 Public building

（12）工业建筑 Industrial building

（13）农业建筑 Agricultural building

建筑风格

（1）古典建筑 Classical architecture

（2）现代建筑 Modern architecture

（3）后现代建筑 Postmodern architecture

（4）地中海建筑 Mediterranean architecture

（5）日本建筑 Japanese architecture

（6）中式建筑 Chinese architecture

（7）欧式建筑 European architecture

建筑材料

（1）砖 Brick

（2）石材 Stone

（3）木材 Wood

（4）混凝土 Concrete

（5）钢材 Steel

（6）玻璃 Glass

（7）瓷砖 Ceramic tile

建筑设计

（1）方案设计 Design proposal

（2）概念设计 Conceptual design

（3）施工图设计 Construction drawing design

（4）立面设计 Facade design

（5）建筑结构设计 Structural design

（6）机电工程设计 MEP design

（7）灯光设计 Lighting design

（8）屋顶设计 Roof design

（9）色彩设计 Color design

室内装修设计

（1）地板 Floor

（2）墙面 Wall

（3）天花板 Ceiling

（4）窗帘 Curtain

（5）窗户 Window

（6）门 Door

（7）隔断 Partition

（8）吊顶 Suspended ceiling

（9）灯具 Lighting fixtures

（10）瓷砖 Ceramic tile

商业空间设计

（1）商业空间餐饮设计 Commercial space catering design

（2）商业空间购物中心设计 Commercial space shopping mall design

（3）商业空间办公空间设计 Commercial space office space design

（4）商业空间酒店设计 Commercial space hotel design

（5）商业空间连锁店设计 Commercial space chain store design

（6）商业空间展厅设计 Commercial space exhibition hall design

（7）商业空间会议室设计 Commercial space conference room design

（8）商业空间接待处设计 Commercial space reception area design

（9）商业空间休闲区设计 Commercial space leisure area design

（10）商业空间儿童区设计 Commercial space children's area design

（11）商业空间健身区设计 Commercial space fitness area design

景观设计

（1）开放空间设计 Open space design

（2）城市公园设计 Urban park design

（3）社区公园设计 Community park design

（4）园区设计 Industrial park design

（5）风景区设计 Scenic area design

（6）旅游景点设计 Tourist attraction design

（7）酒店景观设计 Hotel landscape design

（8）庭院设计 Courtyard design

（9）水景设计 Water feature design

（10）游泳池设计 Swimming pool design

第 9 章
插件实操变现

希望通过 AI 绘画获得更大效率提升和更多变现机会，AI 绘画插件是不可或缺的。本章节以 1 个实操实例，带领用户实际操作 1 款常用插件 ControlNet，感受其精确控制画面的强大功能。

9.1　插件用途和分类

AI 绘画插件用途

类似于 AI 绘画软件的助手，协助 AI 绘画软件更高效、更快速地实现特定功能。

AI 绘画插件分类

AI 绘画插件按照功能不同分为以下 7 大类。

· 辅助提示词插件　　　　　　· 图片放大插件

· 辅助模型插件　　　　　　　· 图片抠图插件

· 辅助操作插件　　　　　　　· 图片修复插件

· 图片控制插件

9.2　插件实操

9.2.1　ControlNet 插件用途

ControlNet 属于图片控制插件，有以下 6 大类用途：

· 精确控制人物姿势

· 精确控制图片景深关系

· 精确控制图片轮廓

· 精确控制图片元素

· 精确控制图片画风

· 精确控制图片（修复模糊照片，线稿上色，涂鸦变动漫，动漫变真人／真人变动漫，局部重绘，增加特效，重新上色，使用参考图生成图片，修订图片）

本节以 ControlNet 插件中最为常用的控制人物姿势为例，介绍插件的实操方法。

9.2.2　成品效果预览

在绘画的过程中，对于手部的刻画非常难，且难以达到传神的效果。AI 绘画同样也存在这样的问题，AI 画出来的画面虽然现在大部分已经非常逼真了，但是

一本书读懂 AI 绘画

AI 画出来的手时常很奇怪，本节结合 ControlNet 插件来帮用户挽救并修复 AI 画坏的手，如图 9-1 所示。

图 9-1 ControlNet 修复手部对比图

9.2.3 安装插件

有三种方式可以安装插件，在此以最简单的一种插件安装方式演示，此方法不受上网环境限制，仅需 3 步。

第 1 步：

下载百度网盘中的"进阶实操—9.2 插件实操—ControlNet 安装包"压缩包文件，此压缩包已集成 ControlNet 需要的多达数十种模型以及数十种预处理器，用户无须额外下载模型和预处理器，如图 9-2 所示。

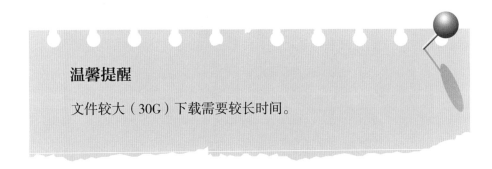

温馨提醒

文件较大（30G）下载需要较长时间。

文件名	↑ 修改时间
ControlNet SDXL模型包.rar	2023-09-18 18:43
ControlNet安装包.rar	2023-09-18 18:43

图 9-2　下载 ControlNet 安装包

第 2 步：

如果用户使用的是 SDXL 大模型，请下载百度网盘中的"进阶实操—9.2 插件实操—ControlNet SDXL 模型包"压缩包文件，如图 9-3 所示，放置在 Stable Diffusion 安装目录下 modles 的 controlnet 子目录即可。

图 9-3　下载 ControlNet SDXL 模型包

第3步：

用户在 Stable Diffusion 安装目录的 extensions 文件夹下，解压下载的 "ControlNet 安装包" 的压缩包，文件夹名称必须是 sd-webui-controlnet，如果不是请手动修改，如图 9-4 所示。

图 9-4　ControlNet 插件目录

安装成功检查：

安装完 controlnet 插件后，打开 Stable Diffusion 会发现一个 ControlNet v

版本号，说明 ControlNet 已经安装成功；在 ControlNet 的模型下拉菜单中可以看到很多的模型列表，说明 ControlNet 模型也安装成功，如图 9-5 所示，这 2 个都完成后，用户就可以正式体验 ControlNet 的神奇功能。如出现问题请仔细检查前面三个步骤是否有遗漏或是否没有下载完整。

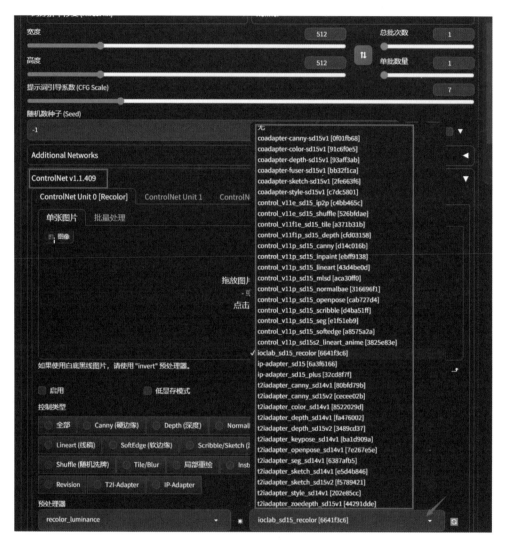

图 9-5　ControlNet 插件安装成功检查

9.2.4　使用文生图生成缺陷图片

（1）选择 majicmixRealistic 写实类模型，外挂 VAE 模型选择 Automatic

自动，CLIP 终止层数设置为 2，提示词中写入下文内容。反向提示词只添加了控制质量和视角的提示词，对于手部没有添加常用的反向提示词，如图 9-6 所示，这样才可能更多出现手部有缺陷的图片。一般正常使用时，反向提示词建议加上 badhandv4 这个嵌入模型减少缺陷手部出现的可能性。

提示词英文：1girl, solo, smile, sweater dress, waving, (close up to face:1.5)

提示词中文翻译：1 个女孩，单人，微笑，毛衣连衣裙，挥手，（近距离面对面：1.5）

反向提示词英文：(worst quality:2), (low quality:2), (normal quality:2),(depth of field, bokeh, blurry:1.8)

反向提示词中文翻译：（最差质量：2），（低质量：2），（普通质量：2），（景深效果，散焦，背景模糊:1.8）

图 9-6　文生图设置提示词和模型

（2）按照表 9-1、图 9-7 设置参数，设置完参数点击右上角的橙色生成按钮，Stable Diffusion 会自动生成图片。在此将单批数量设置为 8，方便多一些图片可供选择，如果用户的显卡较差，比如是 NVIDIA10 系列的显卡，建议单批数量为 2 或者 4。

表 9-1　参数设置

参数名	参数设置
采样迭代步数	20
采样方法	DPM++ 2M Karras
宽度 × 高度	512×768
每批数量	8
提示词相关性	7
随机种子	−1

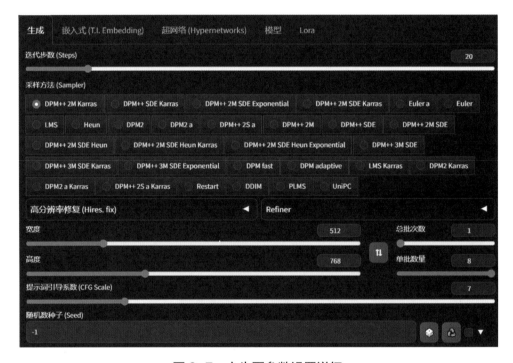

图 9-7　文生图参数设置详细

9.2.5　使用 ControlNet 的 OpenPose 模型

（1）从生成的 8 张图片中选择其中 1 张，实操完成手部修复操作，选择这个图片是因为手部比例严重失调，还存在多余手指的问题。

（2）将图片从生成区域直接拖入文生图的 ControlNet 的图像框中，并按照表 9-2、图 9-8 设置参数。

表 9-2 插件参数设置

参数名	参数设置
启用	点击勾选启用
完美像素模式	点击勾选启用
允许预览	点击勾选启用
控制类型	OpenPose（姿态）
预处理器	OpenPosefull
模型	control_v11p_sd15_openpose

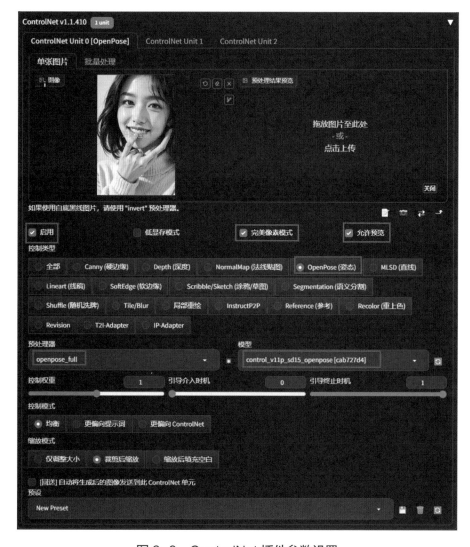

图 9-8 ControlNet 插件参数设置

（3）设置完参数后，点击红色的运行预处理按钮（形状类似爆炸的红色按钮），预处理结果预览会出现图片对应的姿态，如图 9-4 所示。

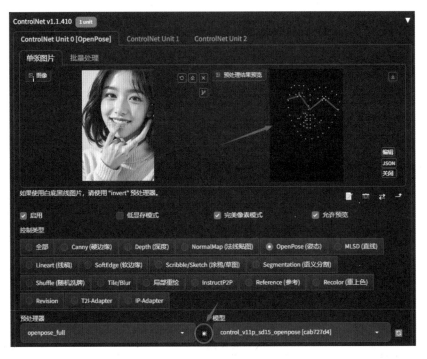

图 9-9　OpenPose 模型预处理

9.2.6　使用 ControlNet 的 OpenPose 编辑器

（1）点击姿态图片的编辑按钮，如图 9-10 所示，出现 OpenPose 编辑器界面，如图 9-11 所示。

图 9-10　OpenPose 模型编辑

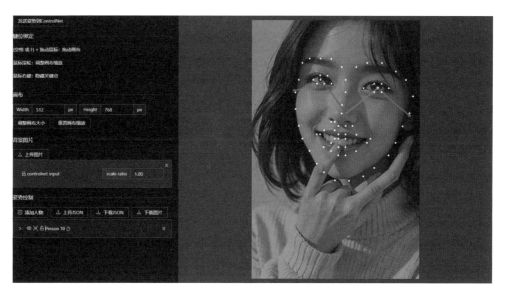

图 9-11　OpenPose 编辑器界面

（2）如果没有出现这个编辑姿态界面，说明没有安装 Openpose Editor for ControlNet 这个插件，请下载百度网盘中的"进阶实操—9.2 插件实操—OpenPose 编辑器"压缩包文件，如图 9-12 所示，解压放置在安装目录 \extensions\sd-webui-openpose-editor 目录下，如图 9-13 所示，记得要用 sd-webui-openpose-editor 命名文件夹。

图 9-12　OpenPose 编辑器压缩包

第一部分　入门篇

第二部分　精通篇

第三部分　变现篇

图 9-13　OpenPose 编辑器安装位置

（3）安装完成后打开编辑界面，点击姿态控制下面的 person1（人物 1）右边的火焰图标，会自动展示有缺陷的姿态，如图 9-14 所示。

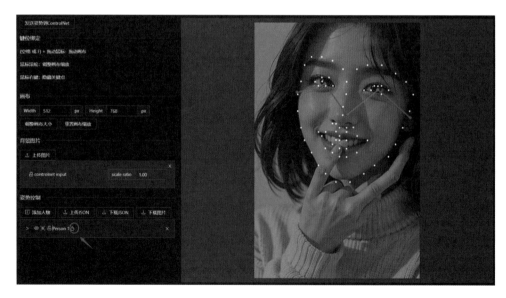

图 9-14　OpenPose 编辑器姿态缺陷展示按钮

（4）点击 person1（人物 1）左边的小三角展开全身姿态。如图 9-15 所示，右侧面部出现的白色小点是面部姿态，编辑器中显示为 FACE，用户可以点击第 2 个图标自动组合面部姿态成一个组，再点击第三个图片锁定面部姿态。右侧出现的各种彩色线条和彩色小点是人物姿态，现在人物姿态是非常凌乱的，现在需要编辑并修复。

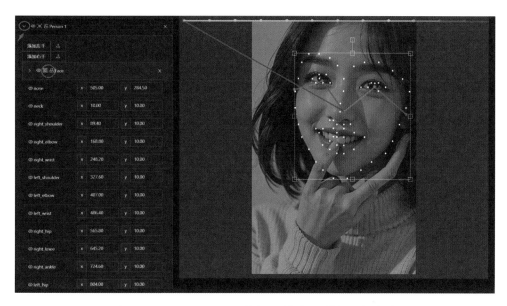

图 9-15　OpenPose 编辑器锁定和群组面部姿态

（5）图片是只有右边上半身的相关姿态，仅编辑这部分的姿态即可。请用户按照图 9-15 所示参数数值编辑姿态，图上没有出现的姿态点击小眼睛隐藏即可，此部分的姿态数值无须设置。

小技巧

截图左侧部分使用中文标记不同姿态所处的位置。

· 蓝色中文代表唯一器官（鼻子，脖子）。

· 这些器官都是分左右部分：肩部、肘部、腕关节、臀部、膝盖、踝关节、眼睛、耳朵。

· 红色中文代表右侧器官。

· 黄色中文代表左侧器官。

后续用户需要编辑全身器官也可以参考本图所示中文编辑。

图 9-16　OpenPose 编辑器身体姿态设置界面

（6）如图 9-16 所示，点击添加左手，如图 9-17 所示，在 FACE 姿态处点击隐藏和锁定，方便编辑左手姿态。如图 9-18 所示，以绿色圈住方块控制手部整体旋转和腕关节匹配，以红色圈住部分控制手部整体缩放。

图 9-17　OpenPose 编辑器添加左手

图 9-18　OpenPose 编辑器锁定和群组面部姿态

（7）用户可以通过点击 Left Hand 左侧小三角，详细控制每个手指部位的姿态，可以按照自己喜欢的手部姿势设置参数。

小技巧

截图左侧部分，使用中文标记不同手指部位。

· 每根手指是分为四段调整，五个手指一共 20 段可调整。

· 腕关节是一个整体，一共 21 个部位可以控制，如图 9-19 所示。

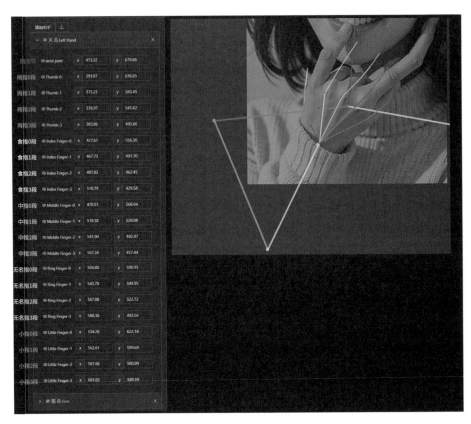

图 9-19　OpenPose 编辑器手部姿态详细设置

（8）设置完成姿势，点击"发送姿势到 ControlNet"按钮如图 9-20 所示。

图 9-20　OpenPose 编辑器发送姿势到 ControlNet

9.2.7 使用文生图生成修复图片

（1）正确姿势发送到 ControlNet 后，可以在预处理结果预览处，点击下载按钮，下载姿势图片，也可以点击 JSON 按钮下载姿势文件，如图 9-21 所示，后续可以直接使用 JSON 文件重现正确姿势。重点设置 2 个参数：控制权重为 0.4，引导介入时机为 0。

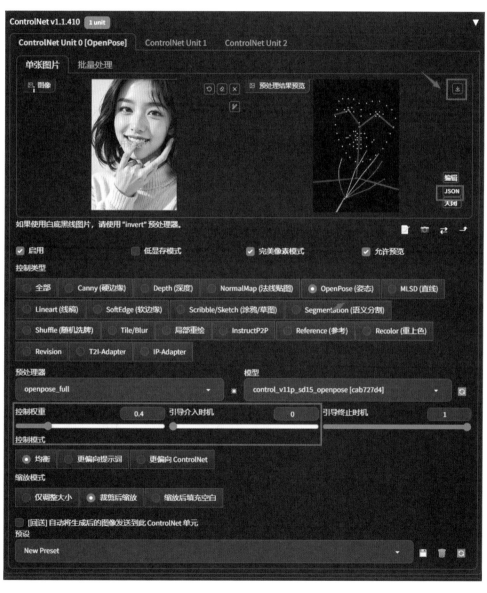

图 9-21　ControlNet 保存姿势文件

335

（2）点击生成按钮，保持"9.2.4 使用文生图生成缺陷图片"节的参数不变，随机数种子设置为 444025950，随机种子用来保持原图内容不变，即可生成修复姿势的正确图片，如图 9-22 所示。

图 9-22　ControlNet 修复手部图片

9.3　变现思维

变现思维 1

生成的图片腿部姿势无法达到甲方需求，用户可尝试修复腿部姿势，从而达到甲方需要完成变现，如图 9-23 所示。**重点是在 OpenPose 编辑器中调整正确的腿部姿势。**

336

ControlNet插件
精确控制并修复人物姿势

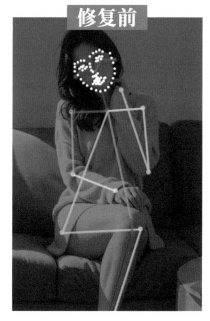

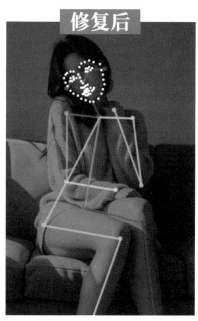

第一部分　入门篇

第二部分　精通篇

第三部分　变现篇

图 9-23　ControlNet 修复腿部姿势图片

变现思维 2

生成的图片腿部无法达到甲方需求，用户可尝试修复腿部，从而达到甲方需要完成变现，如图 9-24 所示。**重点是用 OpenPose 编辑器调整正确的腿部姿势。**

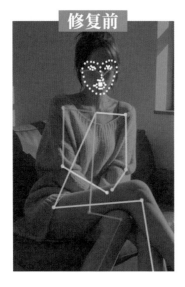

图 9-24　ControlNet 修复腿部缺陷图片

变现思维 3

生成的图片手臂无法达到甲方需求，用户可尝试修复手臂，从而达到甲方需要完成变现，如图 9-25 所示。**除了变现思维 2 讲到的使用 OpenPose 编辑器调整手臂姿势修复的方法，用户还可以使用图生图的局部重绘功能，配合 ControlNet 的 Canny（硬边缘）模型解决修复多余手臂的问题。**

图 9-25　ControlNet 修复手臂缺陷图片

9.4 变现思考

除了上述三种修改姿势达到商用需求完成变现的方式。ControlNet 插件拥有多达 18 种控制类型，每类都有其独特的功能可衍生出多种多样的变现手段。用户可结合自己的实际情况，把奇思妙想的衍生变现思路记录在此，以便后续查阅。

一本书读懂 AI 绘画

第 10 章
模型训练实操变现

用户希望通过 AI 绘画获得更大效率提升和更多变现机会，模型训练（俗称炼丹）是不可或缺的。本章以 1 个实例带领用户实操 1 种常用 LoRA 模型训练。

10.1 模型训练用途和分类

模型训练用途

用户可通过自己的素材以及按照自己的需求制作一个专属模型。

模型训练分类

用户在第 5 章学习使用了 7 种不同类型的模型，这 7 种均可参与模型训练。

- 大模型（Checkpoints）
- LoRA 模型
- LyCORIS 模型
- 文本转化模型（Textual inversion）
- 通配符模型（Wildcards）
- 超网络模型（Hypernetwork）
- 美术风格模型（Aesthetic Gradients）

341

10.2 模型训练实操

10.2.1 LoRA 模型训练用途

LoRA 模型训练有以下 4 大类用途：

· 制作特定角色（游戏虚拟角色，人物，动物）。

· 制作特定画风（新海诚风格）。

· 制作特定物体（服饰，元素）。

· 实现特定功能（增加细节，制作三视图）。

本小节会带领用户以制作特定物体为例，学习 LoRA 模型训练实操方法。

10.2.2 成品效果预览

日常商业拍摄中，拍摄的衣服受到各种限制，无法让模特身处各种不同的环境，并且需要让模特摆出各种不同的姿势。利用商业拍摄实现时，明显的缺点在于成本巨大（跋山涉水换不同的真实环境，模特摆出多种不同姿势，摄影全程拍摄）且效率低下。但是用户可以借助 AI 训练衣服的模型，借助这个模型可以让衣服适用不同的模特，生成多种姿势，让模特置身于数不胜数的环境中，如图 10-1 所示。

LoRA模型训练
AI模特

原始照片

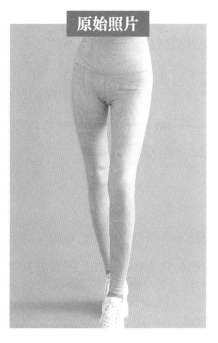

AI模特

AI模特

AI模特

图 10-1 成品效果预览

10.2.3　数据集准备

用户在第 5 章节学习的所有 7 种模型，模型训练的准备工作都是从准备数据集开始。针对 AI 绘画的模型训练，数据集就是图片素材，不同种类的 AI 绘画模型，在准备数据集环节核心区别在于准备图片素材数量的多寡。

准备数据集标准（LoRA 模型）

（1）分辨率：分辨率越高清越好，训练出来的模型细节也越多。

（2）数量：保底 10 张，推荐 20~30 张图片。

（3）背景：建议使用纯色背景。

（4）角度：建议平视拍摄，配合不同的角度，不建议俯视。

（5）训练物品模型（例如衣服，电器等）所需拍摄部位：同一物品平视多角度拍摄，尽量让物品的不同部位都有特写。注意物品不要被杂物遮挡，物品要拍摄完整。

衣物拍摄建议：

· 如果对衣服效果要求较低，建议拍摄人台一组。

· 如果对衣服效果要求中等，建议拍摄模特一组。

· 如果对衣服效果要求较高，建议拍摄模特一组 + 人台一组。

数据集准备：如图 10-2 所示，这个案例共有模特照片 10 张，平视拍摄，浅灰色背景，分不同角度拍摄了瑜伽动作。

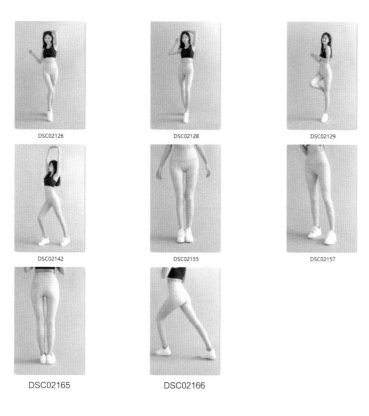

图 10-2　数据集拍摄参考

10.2.4　数据集预处理

数据集预处理的作用：①将大小不一的数据集的图片素材处理成符合标准的相同尺寸；②解析每个图片素材含有的提示词标签。

（1）新建预处理文件夹：新建一个文件夹（文件夹名称可以是产品的拼音或英文），新建的【kuzi】文件夹中再新建【IN】和【OUT】两个子文件夹，将准备好的数据集图片素材粘贴到【IN】文件夹如图 10-3、图 10-4 所示。

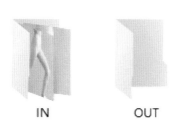

IN　　　　　　OUT

图 10-3　数据集预处理文件夹

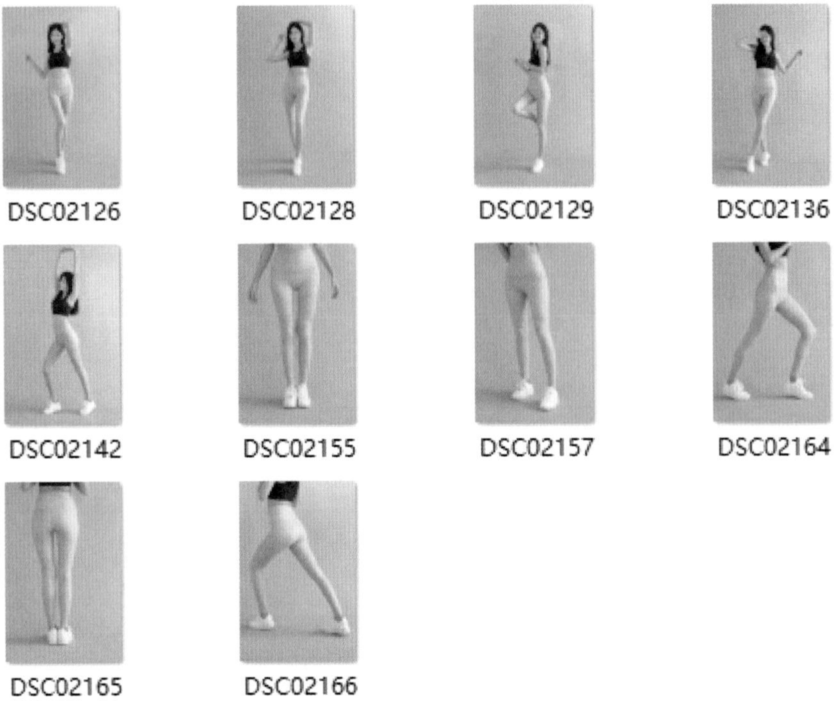
DSC02126
DSC02128
DSC02129
DSC02136
DSC02142
DSC02155
DSC02157
DSC02164
DSC02165
DSC02166

图 10-4　数据集预处理子文件夹

（2）设置预处理参数：打开 Stable Diffusion，点击训练选项卡选择图像预处理，按照表 10-1、图 10-5 设置参数，并点击预处理按钮。

尺寸建议

原图为竖版：建议 512×768，显卡为 NVIDIA30 系列及以上显卡可使用 768×1024

原图为横板：建议 768×512，显卡为 NVIDIA30 系列及以上显卡可使用 1024×768

原图为正方形：建议 512×512，显卡为 NVIDIA30 系列及以上显卡可使用 768×768

参数建议

创建水平翻转副本：当图片数量少的时候建议勾选，可以自动水平翻转图片增加数据集数量。

自动面部焦点剪裁：如果数据集的图片中全部都含有人，建议勾选；

如果只有部分图片含有人，不建议勾选。

使用 Deepbooru 生成标签：建议勾选，此功能会解析图片内容并按单词生成提示词。

使用 BLIP 生成标签（自然语言）：此功能会解析的图片内容按长句的自然语言生成提示词，如使用 Deepbooru 生成标签生成的单词提示词效果不佳，可以单独勾选，如图 10-5 所示。

表 10-1　参数表格

参数名	参数设置
源目录	IN 目录
目标目录	OUT 目录
宽度 × 高度	512×768
创建水平翻转副本	勾选
使用 Deepbooru 生成标签	勾选

图 10-5　数据集预处理参数设置

（3）查看数据集预处理结果：等待数据集预处理完毕，可以在【OUT】文件夹中看到处理好大小的图片和提示词文本文件，如图 10-6 所示。

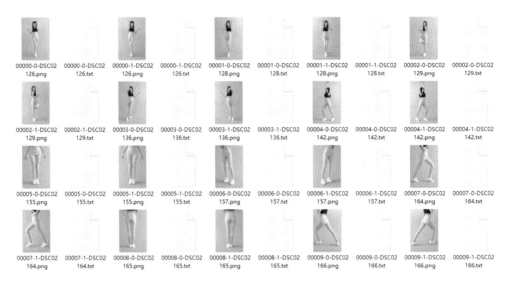

00000-0-DSC02 126.png	00000-0-DSC02 126.txt	00000-1-DSC02 126.png	00000-1-DSC02 126.txt	00001-0-DSC02 128.png	00001-0-DSC02 128.txt	00001-1-DSC02 128.png	00001-1-DSC02 128.txt	00002-0-DSC02 129.png	00002-0-DSC02 129.txt
00002-1-DSC02 129.png	00002-1-DSC02 129.txt	00003-0-DSC02 136.png	00003-0-DSC02 136.txt	00003-1-DSC02 136.png	00003-1-DSC02 136.txt	00004-0-DSC02 142.png	00004-0-DSC02 142.txt	00004-1-DSC02 142.png	00004-1-DSC02 142.txt
00005-0-DSC02 155.png	00005-0-DSC02 155.txt	00005-1-DSC02 155.png	00005-1-DSC02 155.txt	00006-0-DSC02 157.png	00006-0-DSC02 157.txt	00006-1-DSC02 157.png	00006-1-DSC02 157.txt	00007-0-DSC02 164.png	00007-0-DSC02 164.txt
00007-1-DSC02 164.png	00007-1-DSC02 164.txt	00008-0-DSC02 165.png	00008-0-DSC02 165.txt	00008-1-DSC02 165.png	00008-1-DSC02 165.txt	00009-0-DSC02 166.png	00009-0-DSC02 166.txt	00009-1-DSC02 166.png	00009-1-DSC02 166.txt

图 10-6　查看数据集预处理结果

10.2.5　数据集打标

数据集打标的作用：①添加触发标签，可以在文生图提示词界面输入这个触发标签来触发这个 LoRA 模型；②删除特征标签，生成图片时复现展示标签的特征。

（1）下载打标软件：下载百度网盘中的"模型训练变现—10.2 模型训练实操—数据集打标软件"压缩包文件，如图 10-7 所示，打开数据集打标软件执行文件，如图 10-8 所示。

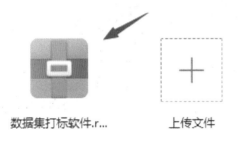

数据集打标软件.r....　　　　　上传文件

图 10-7　下载数据集打标软件

348

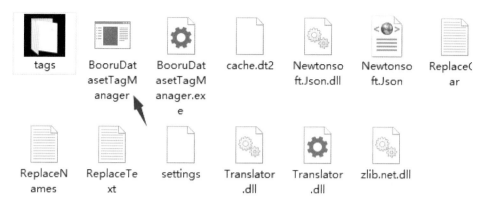

图 10-8　打开数据集打标软件执行文件

（2）选择打标文件夹：点击【File】选择 load folder，选择【OUT】文件夹。如图 10-9 所示。

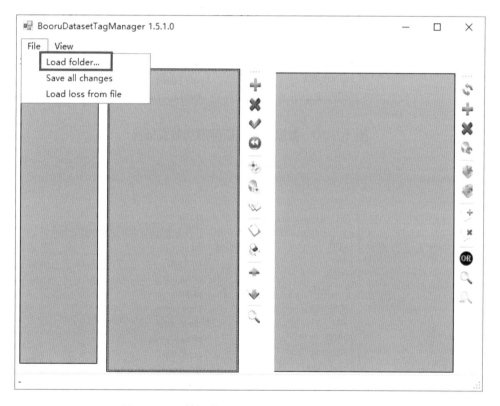

图 10-9　数据集打标软件选择数据集文件夹

（3）添加触发标签：点击右侧的"＋"，添加 LoRA 模型的触发标签（尽量用罕见的非常规提示词，建议使用拼音，英文可能会和现有的提示词冲突），此处触发标签以 yujiaku 为例，如图 10-10 所示，用户可以在文生图提示词界面输入这个触发标签来触发这个 LoRA 模型。放置位置选择 Top（前面），然后点击 OK。如图 10-11 所示，数据集打标软件成功添加触发标签后，每个图片标签的最顶端都是触发标签。

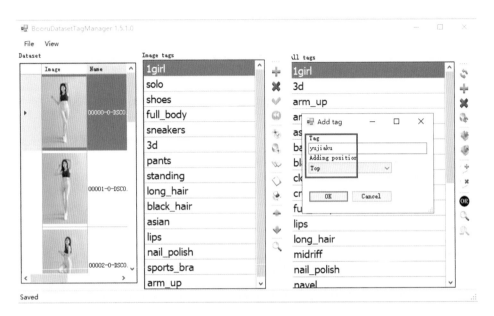

图 10-10　数据集打标软件添加触发标签

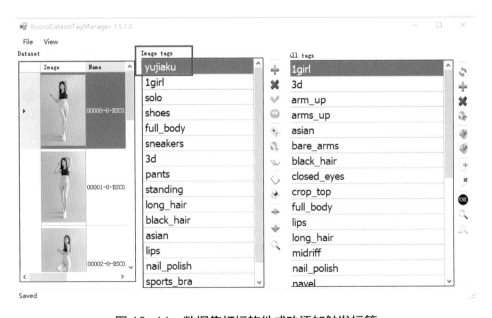

图 10-11　数据集打标软件成功添加触发标签

（4）删除特征标签：删除特征标签的作用是让模型训练过程中记住这个标签的特征，并在生成图片时复现展示标签的特征。为展示瑜伽裤的标签特征，所以必须删除所有和瑜伽裤有关的标签，按住 ctrl 键可选择全部瑜伽裤相关的英文标签，在右侧的预览框中使用红色删除按钮删除。

温馨提醒

1. 已添加的触发标签切记不要删除。

2. 如果没有相关特征提示词，删除特征标签此步骤可忽略。（以本次识别的提示词为例，因为只有裤子的提示词，但没有直接和瑜伽裤相关的提示词，所以此步骤可忽略。）

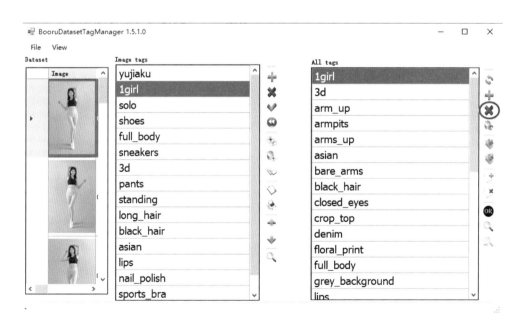

图 10-12　数据集打标软件删除标签

（5）保存标签修改：点击【File】选择 Save all changes，保存所有的标签修改，如图 10-13 所示。

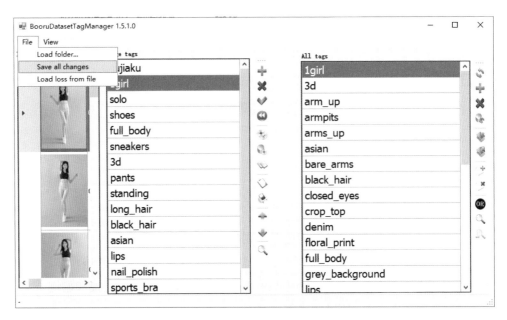

图 10-13　保存数据集标签修改

10.2.6　安装模型训练软件

（1）下载软件：下载百度网盘中的"第 10 章模型训练变现—10.2 模型训练实操—模型训练软件"压缩包文件，如图 10-14 所示。

模型训练软件.rar　　数据集打标软件.r...　　上传文件

图 10-14　下载模型训练软件

（2）解压软件：解压压缩包到英文文件夹，建议名称 loraGUI 即可，如图 10-15 所示。其中【kuzi】文件夹是原始的数据集，含有【IN】和【OUT】两个子文件夹；【output】文件夹是已训练好的模型；【train】文件夹是用于训练的数据集。

图 10-15　模型训练软件目录

（3）更新软件：解压后双击 "A 强制更新—国内加速" 文件，如图 10-16 所示更新模型训练软件到最新版。

```
ning: redirecting to https://jihulab.com/Akegarasu/lora-scripts.git/
ote: Enumerating objects: 9, done.
ote: Counting objects: 100% (9/9), done.
ote: Compressing objects: 100% (9/9), done.
ote: Total 9 (delta 2), reused 0 (delta 0), pack-reused 0
acking objects: 100% (9/9), 6.19 KiB | 80.00 KiB/s, done.
m https://jihulab.com/Akegarasu/lora-scripts
f620818..291229f  main        -> origin/main
ching submodule frontend
ning: redirecting to https://jihulab.com/affair3547/lora-gui-dist.git/
m https://jihulab.com/affair3547/lora-gui-dist
b69da04..4743a97  master      -> origin/master
ching submodule sd-scripts
ning: redirecting to https://jihulab.com/affair3547/sd-scripts.git/
m https://jihulab.com/affair3547/sd-scripts
d337bbf..db7a28a  dev         -> origin/dev
[new branch]      dev2        -> origin/dev2
[new branch]      free-u      -> origin/free-u
ating f620818..291229f
t-forward
ontend        | 2 +
kazuki/app.py  | 5 +++++
kazuki/tasks.py | 3 ++-
-scripts       | 2 +
files changed, 9 insertions(+), 3 deletions(-)
正更新子模块...
module path 'frontend': checked out '4743a97cd1b67998b478a61156346e9d0f2d3194'
module path 'sd-scripts': checked out 'db7a28ac25514eb7c318d7f1486abe7c8914ada'
全部更新成功
```

图 10-16　更新模型训练软件

（4）启动模型训练软件：双击"A 启动脚本"文件，如图 10-17 所示，即可通过浏览器启动模型训练软件。

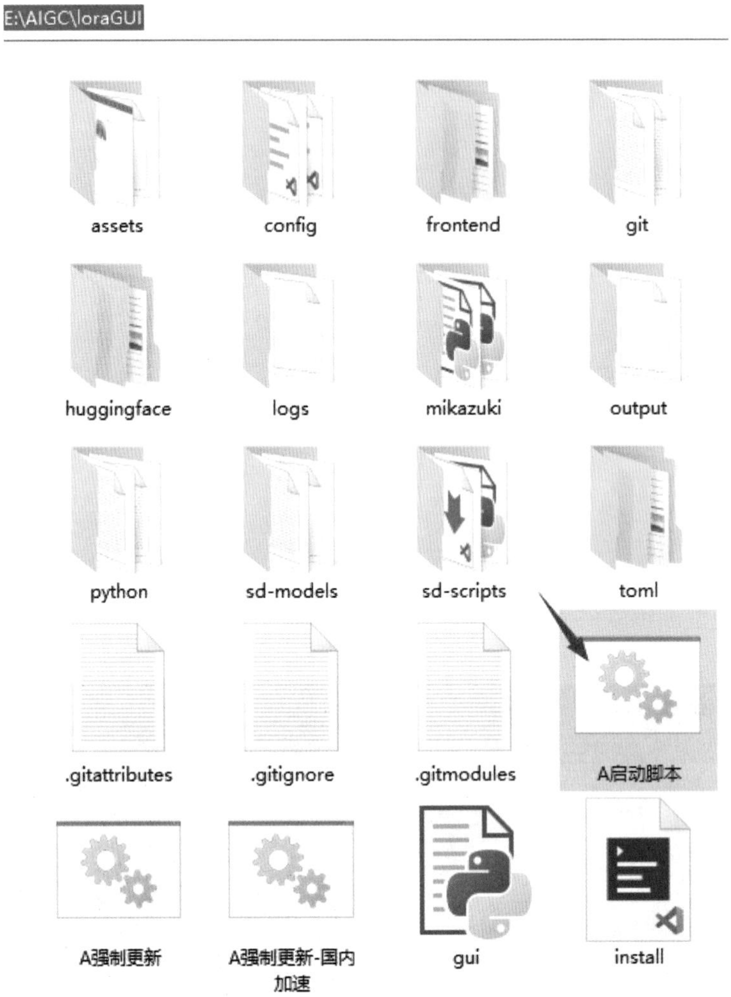

图 10-17　启动模型训练软件

（5）模型训练软件安装成功：启动完成后会看到 LoRA 模型训练软件的界面，推荐使用新手模式，如图 10-18 所示。

图 10-18　模型训练软件界面

10.2.7　模型训练

（1）准备模型训练文件夹：以下三个步骤的文件夹名称不能是中文，可以是英文或拼音。

　· 首先在模型训练软件根目录下新建【train】总文件夹，train 文件夹仅需创建 1 次。

　· 其次在【train】文件夹中创建一个训练数据集子文件夹，该文件夹以用户训练模型的主题命名，比如已训练的是瑜伽裤，命名为 yujiaku。

　· 最后在模型文件夹中创建模型训练文件夹【10_yujiaku】，结构为训练步数 _ 模型训练名，训练步数建议为 5 ~ 10，需要将数据集打标好的【OUT】文件夹的内容拷贝到此文件夹，如图 10-19 所示。

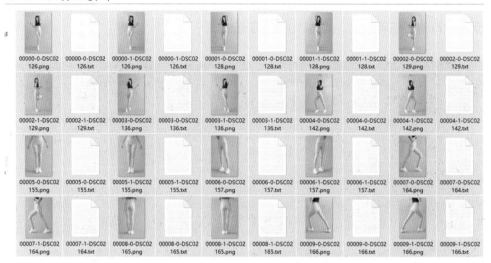

图 10-19 模型训练文件夹

（2）模型训练参数设置：模型训练软件中点击新手模式，初次使用建议按照图 10-20 所示参数设置，已经修改的参数左侧会有颜色提醒。用户自行训练其他模型时可根据实际情况修改。

务必要修改以下这 5 个参数：

· 修改底模路径，建议使用 SD1.5 原始模型。

· 修改训练集路径，建议按照实际路径修改。

· 修改分辨率，建议和预处理时分辨率保持一致。

· 修改最大训练轮数，建议数值 15~20。

· 修改模型保存名称，根据用户的 LoRA 名称修改。

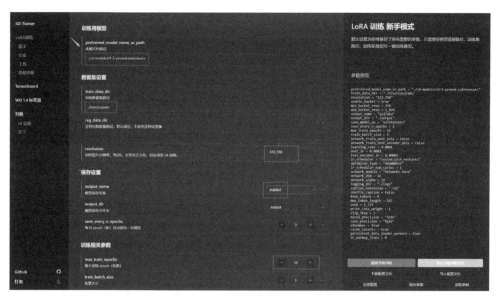

图 10-20　模型训练参数设置

（3）模型训练参数保存和调用：模型训练软件右下角有"下载配置文件"按钮，点击可将训练参数下载为toml后缀的文件，用户遇到类似模型训练点击"导入配置文件"按钮调用过往配置文件，用于重新调用过往模型训练参数，如图10-21所示。

图 10-21　模型训练参数保存和调用

（4）模型训练开启：点击直接开始训练按钮，如图10-22所示，会出现"训练开始，使用配置文件"的文字提示，代表着模型训练正式开启，如图10-23所示。

图 10-22　开始模型训练按钮

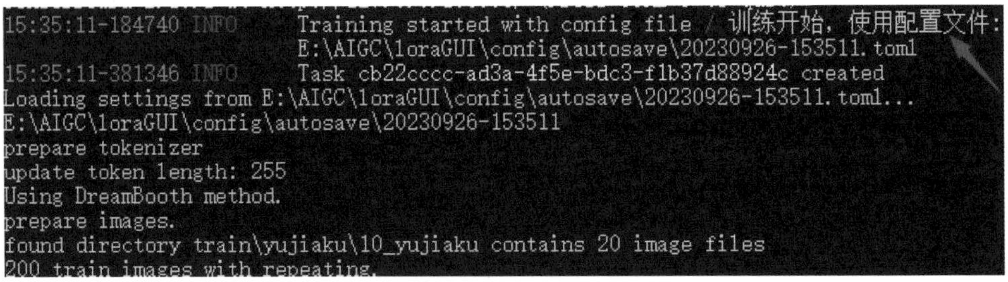

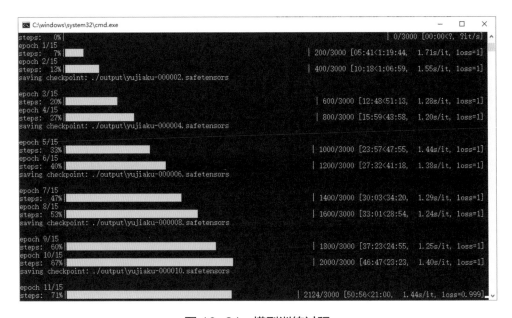

图 10-23　模型训练正式开启

（5）模型训练过程：模型训练过程中会按照设定的轮数分批训练，如图 10-24 所示，默认每 2 轮会自动在输出文件夹保存一份过程中训练好的模型。

图 10-24　模型训练过程

（6）模型训练完成：模型训练在规定的轮数执行完成之后，会出现如图 10-25 所示的提示训练完成，最后如图 10-26 所示【output】输出文件夹会输出一个最终的模型，还有训练过程中的各种模型。

图 10-25　模型训练完成

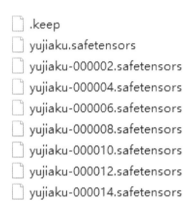

图 10-26　模型训练存放位置

10.2.8　模型使用和评估

（1）安装训练完成的 LoRA 模型：打开 Stable Diffusion 安装目录，将最终训练的模型放入安装目录 \lora 文件夹下即可，用户可新建文件夹分类放置自己训练的模型，如图 10-27 所示。

图 10-27　安装训练完成的 LoRA 模型

（2）使用训练完成的 LoRA 模型：此时模型训练软件可关闭，请打开 Stable Diffusion 软件，并选择写实类 Chilloutmix 大模型，外挂 VAE 模型选择 Automatic 自动，CLIP 终止层数设置为 2，提示词写入下文内容，如图 10-28 所示，此处提示词处写的相对简单，主要是描述人物和环境，用户可自行增加更多细节。

提示词英文：<lora:yujiaku:1>,1girl, solo, realistic, black long hair, outdoors, High heels

提示词中文翻译：调用 LoRA，1 个女孩，单人，写实照片，黑色长发，户外，高跟鞋

图 10-28　设置提示词和大模型

（3）设置参数：按照表 10-2、图 10-29 设置生成图片参数即可。

表 10-2　参数表格

参数名	参数设置	参数名	参数设置
采样迭代步数	30	重绘幅度	0.7
采样方法	DPM++ 2S a Karras	宽度 × 高度	512×768
放大算法	R-ESRGAN 4x+	提示词引导系数	7
放大倍数	2	随机种子	−1

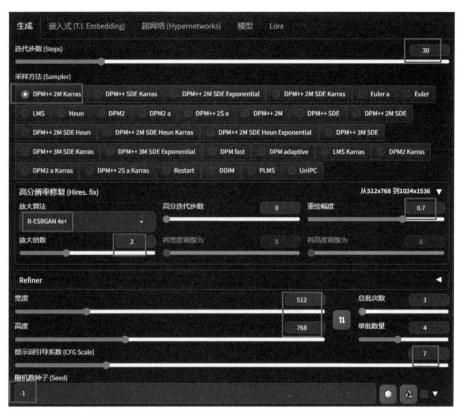

图 10-29　参数设置

（4）欣赏成品：使用最右侧的生成按钮即可快速使用用户的训练模型生成图片，如图 10-30 所示。

图 10-30　生成图片

（5）模型进阶使用：训练好的模型，可以通过提示词指定需要的 AI 模特穿上训练的衣服，还可以指定环境、画面细节等，甚至可以精确地控制人物的姿势。用户可结合第 9 章 ControlNet 的 OpenPose 指定 AI 模特摆出甲方需要的任何姿势。

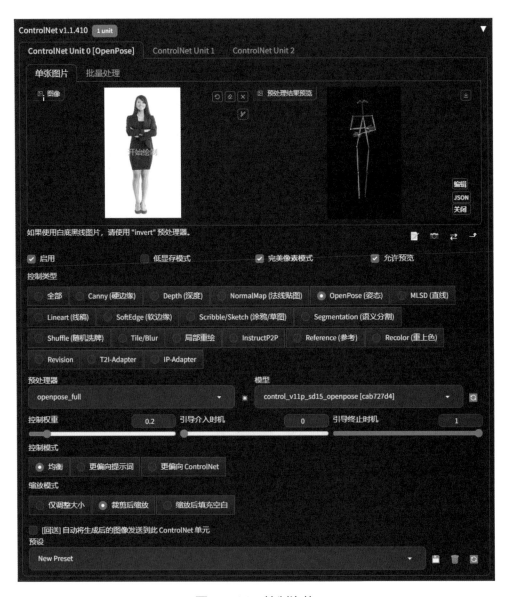

图 10-31 控制姿势

图 10-32 为控制姿势生成的图片，完全可以按照甲方要求生成固定的姿势，在此故意在手部姿势留有一些缺陷，希望用户可以来细化，用户可以结合第 9 章

的知识来优化手势达到完美的结果。

图 10-32 控制姿势生成图片

（6）模型评估：评估模型最重要的原则是准确还原，能否正确还原数据集的特征是最高的评估标准。比如原来的数据集是蓝色瑜伽裤，训练模型生成出来的图片依然是蓝色瑜伽裤，说明训练的模型是正确的；如果生成的图片变成裙子或者牛仔裤，那说明模型训练是有问题的，用户可以使用下一小节的知识点优化模型。

10.2.9 模型优化

模型优化： 模型优化主要有以下几种途径。

·**数据集准备：** 更多的优质高清且符合数据集标准的图片素材。

·**数据集预处理：** 自动解析的标签可通过人工修改得更为精准。

·**数据集打标：** 尽量添加触发标签。

·**模型训练：** 优化模型训练参数，并不是参数数值越大越好，需要控制在一个合适的范围内。不断测试评估哪种参数数值训练出来的模型效果较为优秀。参数的具体详细解释可以查看模型训练软件中的参数详解板块，如图 10-33 所示。

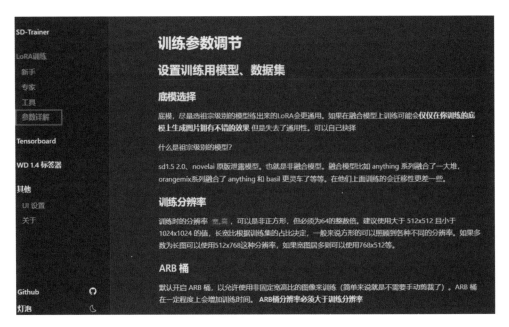

图 10-33　参数详解

10.3　变现思维

变现流程

（1）通过各个公域渠道（小红书、抖音、视频号或朋友圈）发布模型训练案例，寻找愿意付费的甲方。

（2）甲方提供给用户指定的角色（游戏虚拟角色、人物、动物等其他角色），画风（梵高画风、某个艺术家画风等），物体（衣服、各类电商产品等）的图片素材，用户用来准备数据集；或用户根据甲方的需求，自行收集图片素材，用来准备数据集。

（3）对数据集执行预处理，打标，并完成模型训练。

（4）使用训练的模型生成甲方满意的指定角色的图片。

变现思维 1

生成指定物体的 LoRA 模型或生成图片，如图 10-34、图 10-35 所示。

图 10-34　模型展示 1（赛博头盔）

图 10-35　模型展示 2（机甲）

变现思维 2

生成指定角色的 LoRA 模型或生成图片，如图 10-36 所示。

图 10-36　模型展示 3（儿童插画）

变现思维 3

生成指定画风的 LoRA 模型或生成图片，如图 10-37、图 10-38 所示。

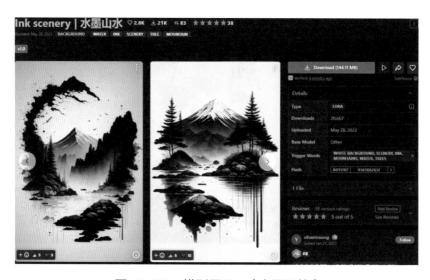

图 10-37　模型展示 4（水墨风格）

图 10-38　模型展示 5（乳白镶嵌金边风格）

10.4　变现思考

除了上述三种按照客户需求制作 LoRA 模型并生成图片，达到客户商用需求完成变现的方式，模型训练可以衍生出多种多样的变现手段。用户可结合自己的实际情况，把衍生出的变现思路记录在此，以便后续查阅。

367

致谢

我想向所有为本书的完成做出贡献的人表示最深的感谢。

首先要感谢我的**家人**，没有你们就没有现在的我。

我的好朋友 Ares，出版社的编辑任老师，帮我设计图书的设计师谢老师，是你们给予我无尽的支持、鼓励和强大的动力。没有你们就不可能有这本书的诞生，此生有你们真好。

感谢知识星球**"生财有术"，**让我在 AI 绘画的道路不再充满荆棘，一路协助我成长。

感谢"生财有术"的创始人**亦仁**，感谢您为我撰写推荐语，我深感荣幸；感谢您的专业评价，不仅为我的作品增添了价值，也为广大读者提供了宝贵的参考。

感谢"生财有术"航海团队的**九儿、张静伟、张子安和小霸王**，谢谢你们认可我，成就我。各位的信任和支持对我来说意义重大，让我有幸成为"生财有术"AI 绘画航海的教练。这不仅是对我的 AI 绘画技能和经验的肯定，更是给了我一个展现自己的宝贵机会，我会在航海的 21 天训练营中竭尽所能，为各位船员提供更多的帮助和指导。

谢谢"生财有术"的**梁靠谱、理白、芷蓝和比比**四位教练在以下领域对我的帮助：IP 打造、朋友圈运营、社群运营和小红书运营。感谢各位给我提供了莫大的协助和鼓励，我注定会变成更强大的自己。

感谢我公司的**设计师团队**，你们无私地分享了自己的知识和经验；我们一起在设计领域成长，一起赚更多的钱。

感谢在 AI 绘画领域帮助过我，没有提到名字的各位朋友。请大家放心，你们的名字永远在我心中，你们的无私分享和帮助让我成长，万分感谢。

感谢那些为本书**提供反馈和建议**的朋友，是你们让这本书变得更加完善。

最后我想说，希望本书能为您带来真正的价值和帮助，让您在 AI 绘画学习和变现的道路上走得更远、更稳。

祝愿每一位读者学有所得，创作出属于自己的精彩作品！

来来